科技发展与治理前沿论丛

薛 澜 朱旭峰 主编

生物特征识别技术
与城市敏捷治理

朱旭峰 赵 静 陈天昊 楼闻佳 著

中国科学技术出版社
·北 京·

图书在版编目（CIP）数据

生物特征识别技术与城市敏捷治理 / 朱旭峰等著
. -- 北京：中国科学技术出版社，2024.5
（科技发展与治理前沿论丛 / 薛澜，朱旭峰主编）
ISBN 978-7-5236-0779-4

Ⅰ.①生… Ⅱ.①朱… Ⅲ.①特征识别 – 应用 – 城市
管理 – 研究 Ⅳ.① O438 ② C912.81

中国国家版本馆 CIP 数据核字（2024）第 105629 号

策划编辑	王晓义
责任编辑	周　婷
封面设计	锋尚设计
正文设计	中文天地
责任校对	吕传新
责任印制	徐　飞

出　　版	中国科学技术出版社
发　　行	中国科学技术出版社有限公司
地　　址	北京市海淀区中关村南大街 16 号
邮　　编	100081
发行电话	010-62173865
传　　真	010-62173081
网　　址	http://www.cspbooks.com.cn

开　　本	710mm×1000mm　1/16
字　　数	182 千字
印　　张	10.5
版　　次	2024 年 5 月第 1 版
印　　次	2024 年 5 月第 1 次印刷
印　　刷	北京荣泰印刷有限公司
书　　号	ISBN 978-7-5236-0779-4 / O·222
定　　价	69.00 元

"生物特征识别技术与城市敏捷治理" 课题组

课题委托单位　中国科学技术协会

课题承担单位　清华大学（科技发展与治理研究中心）

课题负责人　朱旭峰

课题组成员　赵　静　陈天昊　楼闻佳　梁　正　贺　毓

　　　　　　吕姝凝　刘　欣　徐　玮　苏亦坡

总序：
为科技向善划定"红线"和"底线"

辜勝阻

　　当前，以人工智能、量子信息科学、大数据、基因编辑技术等为代表的全球新一轮科技革命不断演进。科技是经济发展的利器，但也可能成为风险的源头，导致规则冲突、隐私泄露、社会风险、网络安全等全球性科技治理和科技伦理新问题与新挑战。该书系以"科技发展与治理前沿"为主题，无疑具有重要的现实意义和理论意义。

　　习近平总书记指出，"科学技术具有世界性、时代性，是人类共同的财富""要深度参与全球科技治理，贡献中国智慧，塑造科技向善的文化理念，让科技更好增进人类福祉，让中国科技为推动构建人类命运共同体作出更大贡献"。当前，人类社会正面临严峻的气候变化、环境污染、公共卫生、粮食安全、能源转型、资源短缺，以及贫困等问题和挑战。应对挑战，要以合作代替对抗、以团结代替分裂、以包容代替排他、以新型全球化代替脱钩断链。科技合作对于应对全球问题至关重要。重大创新，任何单一国家都无法独自完成，很多科技成果都是在开放、交流、合作中培育，并通过应用迭代升级。应对挑战，必须实施全球全方位、多领域合作，共渡难关、共创未来，既要"减碳"，又要"减贫"，实现"两减"；既要科技赋能产业升级，实现倍增效应，又要提高劳动力参与率和稳定人口增长，实现"双加"；既要改革全球宏观经济金融治理体系，又要改变西方对中国的错误认知和定位，实现"两改"。中国的增长和发展对全球是机遇而非"威胁"，无论是"脱钩"（de-coupling），还是"去风险"（de-risking）都是基于国强必霸的"中国威胁论"的错误认知和定位。

面对"科技大爆炸"的现状，应对全球挑战，我们既要深度参与全球科技治理，在全球范围对科技创新治理进行协调与合作，让科技成果为更多国家和人民所及、所享、所用，又要打造具有全球吸引力的创新生态，让创新源泉充分涌流，登上全球科创发展的制高点。为此，要辩证处理好五方面的关系。一是处理好有为政府与有效市场的关系，统筹发挥好政府主导作用、市场决定性作用和科学共同体自治作用，构建以诚信和责任为基础的创新生态，充分激发全社会创新创业创造活力。二是处理好科技创新与制度创新"双轮驱动"的关系，在推进科技创新过程中，不仅要完善国家科技治理体系，也亟须加强国际对话和沟通交流，形成全球科技治理的共识。三是处理好发展与安全的关系。"发展"的最有力杠杆在科技创新，"安全"的最大痛点也在科技创新。科技安全是国家安全的核心要素，是指促进科学技术有序、自主、创新发展，开辟科技发展新领域新赛道，保护国家关键科技利益不受他国威胁。四是处理好涉及长远发展的"远虑"与"近忧"的关系。关键核心技术、"卡脖子"难题成为国内国际双循环互促共进的"燃眉之急"，必须特别重视。五是处理好"硬科技"与"软科学"的关系。人工智能，走过的是一条依靠软技术获得发展的道路。在看到芯片、光刻机等"硬科技"问题的同时，还要重视算法算力和操作系统等"软技术"的创新，打造"硬科技"与"软科学"相互促进、共生共进的新经济（包括数字经济和绿色产业）生态。

近年来，我们越来越切身地感受到新兴技术对人们日常生活的影响。以数字技术为中介，人与人之间越来越紧密地相互连接。通过对个人信息的采集与分析，我们所接受的服务也越来越精准。人工智能技术的突破，更是让我们的日常生活选择权日益交由机器智能去决定，或许，人—机共生、智能互联将成为我们未来生活的常态。合成生物学、基因编辑技术等生命科学的发展，也为许多疑难疾病的治疗提供了新的路径，并为人们对自己的身体进行有意图的"改造"提供了可能。在科技为人类造福的同时，科技所带来的伦理问题也日益频繁地涌现。人工智能失控的社会风险、大数据技术对人类隐私安全的侵犯、合成生物技术引发的流行病毒等，新兴技术所带来的伦理影响纷繁复杂，科技伦理治理难度空前。从一些基因编辑技术试验引发的伦理争议，到近年来新技术激起的知识产权争议，再到人们在数字生活中频繁遭遇的隐私泄露、算法歧视、信息茧房等，科技伦理的挑战与科技的进步繁荣如影随形。传统的科技伦理忽视了人类对自然的伦理关怀，这导致科技的发展在造福人类的同时，对生态环境造成严重破坏，对人类自身的生存和发展造成负面影响。这些事件及争议都在不断提醒我们，新兴技术作为一种结构性变革力量，要求政府构建一套敏捷、高效、可持续的新型治理体系。并且，考虑到新兴技术引发风险的全球化扩散，如何构建这样一套治理体系，划定科技向善的"红线""底线"和"高压线"，也是全人类面临的共同挑战。

我国在积极推进科技发展的同时，也在不断加强自身科技伦理治理体系的建设。2019年，我国组建了国家科技伦理委员会；2020年《中华人民共和国民法典》颁布，对人类基因、人体胚胎有关的医学和科研活动作出了明确规定；同年颁布的还有《中华人民共和国生物安全法》，确立了生物安全风险防控的基本制度。2022年3月20日，中共中央办公厅、国务院办公厅印发《关于加强科技伦理治理的意见》，对新时代我国科技伦理治理工作做出了全面、系统的部署，构筑了我国科技伦理治理体系的顶层设计。与此同时，我国也积极推动全球治理体系的完善，多次组织力量参加世界卫生组织的《卫生健康领域人工智能伦理与治理指南》、联合国教科文组织的《人工智能伦理问题建议书》等全球性文件的起草工作，致力于立足中国式治理经验，分享全球性科技伦理治理方案。

当然，中国科技伦理治理体系的完善还有很长的路要走，这需要学术界持续提供智力支持。2019年1月，中国科学技术协会与清华大学共同创建了清华大学科技发展与治理研究中心。《科技发展与治理前沿书系》作为研究中心的重要学术著作，致力于推动科技发展与治理领域的学术研究和实践进展。该书系收录了研究中心专家学者的最新研究成果，这些研究成果涵盖了自动驾驶、工业互联网、医疗健康、生物特征识别、类器官移植、合成生物学、基因编辑、太阳地球工程、碳地球工程等诸多科技及产业的前沿领域。研究中心的专家学者对上述新兴技术及产业实践所引发的伦理争议进行了深入的思考，主张应当秉持和谐友好、公平公正、包容共享、安全可控、共担责任、开放协作和敏捷治理的治理理念，通过多元主体的有效协同，综合运用伦理、法律、技术和自律规范等治理工具开展多维共治。这些理论构想无疑是极富洞见和启发的。

面向未来，应对重大科技治理和科技伦理的新挑战，一方面，要发挥好科技对于改善人民生活、增进人类福祉的积极作用；另一方面，科技发展过程中也会时有"黑天鹅"和"灰犀牛"事件出现，要增强预见性，安装好"护栏"，主动应对风险挑战，保障科技向善。我相信，学术界围绕科技伦理治理体系的探讨与反思，将为我国不断完善自身科技伦理治理体系建设提供前瞻指引，并贡献有益方案。未来，我也期待与各界同仁共同推动我国科技伦理治理体系的进一步完善，积极探索科技创新与治理的新模式和新机制，促进科技与社会、经济、环境等领域的协同发展。同时，我们也要培养更多有能力适应前沿科技发展与治理需求的创新人才，为未来科技创新发展注入新的活力与动力。让我们携手为促进全人类科学技术事业的健康发展贡献力量！

前　言

　　近年来，为优化公共服务供给效率，各地兴起了城市大脑应用、政务数据打通、大数据平台建设等电子政务模式探索。与之相伴，一批互联网巨头企业开始积极参与公共治理与服务供给，为城市问题的解决提供一揽子技术方案，助力城市管理的数字化实践。在数字化赋能城市管理成为国际和国内的主要发展趋势之际，生物特征识别技术作为一类极具特色且应用较广的新兴技术开始步入政府公共部门与大众视野之中。人脸识别、指纹识别、虹膜识别等主要的生物识别技术被广泛用在城市安防、交通管理、行政服务、社会保障、医疗与公共卫生等领域，有效解决了政府在现代城市管理中的资源约束与效率不足问题。尤其在疫情期间，生物特征识别技术作为流行病学调查的重要手段之一，在助力基层社区防疫、支撑公共卫生体系等方面扮演了关键角色。此外，城市场景的管理需求和应用驱动也为技术的应用与迭代创造了丰富的成长空间。

　　2022年3月，中共中央办公厅、国务院办公厅印发的《关于加强科技伦理治理的意见》指出："当前我国科技创新快速发展，面临的科技伦理挑战日益增多，但科技伦理治理仍存在体制机制不健全、制度不完善、领域发展不均衡等问题，已难以适应科技创新发展的现实需要。"与所有的新兴技术一致，生物特征识别技术也具有技术的"双刃剑"特性。生物特征识别技术呈现出亮眼的应用效果的同时，引发的各类治理风险和随之而来的产业发展困境也给公共部门带来了更多的治理挑战。第一，技术的迅猛发展会不可避免地触发新的、不可预知的多重风险，如生物特征识别技术存在的技术滥用、个人隐私保护力度不足、社会信任缺失等潜在社会风险。第二，过度的技术赋能治理也会给现有的城市管理体系带来新的困境，如有可能造成数据过度依赖、数据垄断、使用者回避技术缺陷等，挑战现有城市管理体系运行的有效性，引起多元主体参与不足和权力运行碎片化。第三，政府作为技术治理者与技术运用者的双重角色在数字时代也将面临重大考验。作为新兴技术的治理者，政府同时肩负着技术规制和技术创新的重要使命，必须平衡好技术治理和技术发展的关系；作为新兴技术的实际运用者，政府在享受技术福利时若忽视技术本身的缺陷及其潜在隐患，由公共部门技术应用引发的社会性风险将更为棘手。

当前，一个重要且急迫的问题是理解生物特征识别技术在城市管理应用中发挥的效能与潜藏的风险，并在此基础上探索出一条能够有机协调技术赋能城市管理且规制技术风险的治理路径。其中，一些关键的研究问题需要关注：现阶段的生物特征识别技术发展现状与应用风险情况如何？生物特征识别技术在城市管理中所发挥的关键治理效能如何？现有政策法规体系在鼓励与规制生物特征识别技术时面临什么样的缺陷与不足？如何思考与构建技术应用与城市管理有效结合的治理模式？本书尝试对以上问题进行回答。

首先，本书系统介绍了生物特征识别技术发展现状及其在城市管理中的应用，并梳理了技术应用潜在的风险。纵观全球技术与产业发展，生物特征识别技术集中于解决公民个体信息识别匹配、远程身份确认、重点人员标记、人流量感知等需求，在城市公共安全防护、智能化行政服务、社会保障、城市交通大脑及医疗与公共卫生等城市管理领域已有充分应用。本书将生物特征识别技术的风险归纳为技术系统自身的风险、数据存储与泄露风险、技术滥用与技术公平风险及社会性风险四大类别，希望能通过对技术风险的梳理和风险案例的研究提前预判并降低生物特征识别技术可能造成的大规模社会风险，缓解技术创新与技术伦理的内在张力。

其次，本书总结了中国及全球有关生物特征识别技术的法律与政策体系、司法探索与治理实践。一方面，本书梳理了当前中国生物特征识别技术规范体系的现状与特征，总结了当前的法律法规体系存在的问题并对生物特征识别技术的应用伦理规则的"个人-社会二分"和"个人-

社会融合"两条路径进行了初步的法律探索。另一方面，本书还关注生物特征识别技术在美国、欧洲国家及其他国家的治理实践与治理重点，并进一步总结了美欧针对生物特征识别技术的立法情况和技术全球治理所面临的困境。特别是针对当前美欧生物特征识别技术的法律法规与全球化之间的内在张力，本书提出了对中国生物特征识别技术治理与参与全球科技治理的经验启示。

最后，本书提出了有关技术应用的城市敏捷治理思路。面对具有高度不确定性、风险和监管成本难以估量且技术发展极易受到监管影响的新兴技术，传统技术治理的理论难以同时解决城市管理中对新兴技术发展与规制的双重需求。在梳理新兴技术治理理论谱系与历史演进的基础上，本书提出了城市敏捷治理的思路。城市敏捷治理是指引政府采用技术治理模式应对管理城市时面临的各类挑战、平衡应用技术和规制社会风险的有效治理模式。未来政府在城市管理中应秉承对技术应用与业态发展的敏捷治理思路，从而在城市数字化转型的治理实践和生物特征识别技术应用中，灵巧、合理地构建政策方案，并与多方治理主体达成治理共识。

生物特征识别技术是城市管理极佳的辅助工具。各级地方政府广泛采用生物特征识别技术是强化城市管理效能，提升城市管理能力，增强城市发展韧性的必然选择。当然，政府也应在技术规制方面积极制定基本性的制度框架。生物特征识别技术应用于城市管理领域时也意味着对公共数据的使用、对公众行为的监督和对公共活动的识别。其背后潜在的"公共"的技术系统风险、数据存储泄露、社会伦理公平等问题更加值得政府密切关注。同时，生物特征识别技术研发与应用服务涉及大量的政府技术外包，企业与政府在技术风险方面的责任划定则需建立在城市管理产品供给的公共属性基础之上。对于城市管理中应用生物特征识别技术可能存在的多种亟待解决的技术治理难题，我们将持续关注与探索。

目　录

第一章
现代城市管理面临的新问题与新挑战

　　城市管理是国家治理体系与治理能力现代化的重要着力点，也是探索社会治理转型的前沿阵地。2018年，习近平总书记在上海考察时强调，"城市治理是国家治理体系和治理能力现代化的重要内容……要注重在科学化、精细化、智能化上下功夫"。2020年，习近平总书记于浙江省考察时，在杭州市城市大脑运营指挥中心指出，"推进国家治理体系和治理能力现代化，必须抓好城市治理体系和治理能力现代化"；还指出，"运用大数据、云计算、区块链、人工智能等前沿技术推动城市管理手段、管理模式、管理理念创新，从数字化到智能化再到智慧化，让城市更聪明一些、更智慧一些，是推动城市治理体系和治理能力现代化的必由之路，前景广阔"。

　　随着中国城市化进程的不断发展，现代城市管理面临着更大体量、更多层次和更为复杂的挑战。劳动力、资本和各种经济体在城市范围内的高度集中推动了城市体量快速增长，带来了信息的快速流动和深度融合，同时也带来了新问题和挑战，而传统网格化治理手段和行政资源往往难以解决这类问题。为了应对新的治理难题和治理挑战，城市管理者们开始探索结合新兴技术的城市数字化治理转型。在众多新兴技术应用之中，以生物特征识别技术为代表的一类精准识别与匹配个体特征的技术应用组合，被广泛使用在城市管理各类场景中，赋能决策、执行和监管等城市管理各个环节，较大程度地提升了城市公共服务效率。但生物特征识别技术的使用依然无法回避技术应用两面性的问题，且这种大规模技术应用的趋势更对现代政府的治理模式转型提出了全新的挑战：政府既是最大的技术服务外包应用商，也是技术的最终规制者。面对复杂的技术风险和制度挑战，城市管理中应该如何恰当规制与使用生物特征识别技术？相应地，应该如何完善城市管理的配套治理模式、治理思路和治理制度？

1.1 现代城市管理面临挑战

1.1.1 城市管理体量的迅速扩张

随着全球科技和经济社会的快速发展，资本、劳动力以及创新要素的全球性流动持续增加，人口移徙不断加速，全球城市化水平快速提升。全球人口和城市体量正在经历极速的扩张。《2019 年世界人口展望》报告显示，全球人口预计在未来 30 年增加到 97 亿人，到 2030 年全球将会有 60% 人口生活在城市[①]。未来众多公共政策问题都将源于居民的城市生活。

与全球趋势一致，中国的城市数量和体量也经历了快速的增长。城市数量上，中国城市从 1978 年的 193 个增加到了 2019 年的 672 个。城市体量上，根据国家统计局官网数据，我国 2019 年末总人口为一百万以上的城市有 161 个，一千万以上总人口城市已达 4 个，尤其是形成了重庆市、上海市、北京市、广东省广州市等人口规模均超过 1500 万人的超大城市，其中重庆市总人口已达 3124 万人。中国的城市人口也经历了快速增长。例如，从 1978 年至 2019 年，中国的城镇化率从 17.9% 提升到 60.6%[②]，增长了将近 2.5 倍。2021 年公布的第七次人口普查数据显示，截至 2020 年 11 月，中国居住在城镇的人口占总人口的 63.89%；相比 2010 年，中国的城镇人口增加了 23 642 万人，城镇人口比重上升 14.21 个百分点[③]。

1.1.2 城市管理问题的复杂表现

随着城市人口规模快速扩张，交通严重拥堵、城市运行负荷过重、各类安全风险增加、人口流动加快等"城市病"也不断凸显。现代大型城市，特别是超大城市的治理，将在未来几年内迎来更多的治理问题和全新的治理挑战。

[①] United Nations, Department of Economic and Social Affairs,Population Division. World Population Prospects 2019: Highlights［R］. New York: UN–DESA, 2019.

[②] 俞可平. 中国城市治理创新的若干重要问题：基于特大型城市的思考［J］. 武汉大学学报（哲学社会科学版），2021，74（3）：88–99.

[③] 第七次全国人口普查主要数据公布 人口总量保持平稳增长［EB/OL］. (2021–05–12)［2022–01–15］. http://www.gov.cn/xinwen/2021–05/12/content_5605913.htm.

以城市运行数据为例，2011 年北京市地区用电量为 821.7 亿千瓦时，2021 年达 1232.9 亿千瓦时，其中，居民生活用电量从 144.7 亿千瓦时上涨到 286.4 亿千瓦时[①②]。城市居民生活用电量增幅明显，对城市的电力供应提出了挑战：从 2011 年至 2021 年，北京市天然气供应总量从 73 亿立方米上涨到 187.2 亿立方米，天然气家庭用户从 474 万户增加到 738.6 万户[③④]，这给原有城市基础设施及其运行带来巨大压力。再看公共卫生资源供给的情况：2021 年北京市卫生技术人员总数 31.8 万人，较上年仅增长 4.6%；2021 年北京市医疗机构实有床位数为 13.0 万张，较 2020 年仅增长 0.3 万张[⑤⑥]。城市就医难已经成为不争的事实，医疗卫生资源供给并不能完全适应城市流动人口增加以及人口老龄化程度的发展变化。

随着城市管理问题和挑战的复杂化和多元化，仅凭持续的公共财政投入和政府资源运行难以解决日益加剧的交通拥挤、环境污染、公共安全风险增加、行政办事效率低下等问题。以公共交通为例，公安部 2020 年 7 月 14 日发布统计数据显示[⑦]，截至 2020 年，全国共有 31 个城市的汽车保有量超过 200 万辆，其中北京市已超过 600 万辆。城市人口聚集带来了汽车保有量的快速持续增加。尽管全国主要城市加大了公共交通路网建设力度，但受城市规划、人口增长、市民出行需求等因素影响，城市路网拥堵时长和在途车流密度大大超出原有规划，交通拥堵问题一直未得到有效解决。根据中国城市交通报告数据，以重庆市为例，重庆 2022 年通勤高峰实际速度为 29.84 km/h，成为全国最拥堵的城市之一[⑧]。此外，城市化进程中经济发展和环境保护的对抗性矛盾

---

① 北京市统计局，国家统计局北京调查总队. 北京市 2011 年国民经济和社会发展统计公报［R］. 北京：北京市统计局，国家统计局北京调查总队，2012.

② 北京市统计局，国家统计局北京调查总队. 北京市 2021 年国民经济和社会发展统计公报［R］. 北京：北京市统计局，国家统计局北京调查总队，2022.

③ 同①.

④ 同②.

⑤ 同②.

⑥ 北京市统计局，国家统计局北京调查总队. 北京市 2020 年国民经济和社会发展统计公报［R］. 北京：北京市统计局，国家统计局北京调查总队，2021.

⑦ 2020 年上半年全国机动车保有量达 3.6 亿辆［EB/OL］.（2020-07-14）［2022-01-15］. https://app.mps.gov.cn/gdnps/pc/content.jsp?id=7457676.

⑧ 百度地图. 2022 年度中国城市交通报告［EB/OL］.［2023-06-15］. https://jiaotong.baidu.com/cms/reports/traffic/2022/index.html.

也极为突出。近年来，因环境污染引发的社会风险和群体性事件不断发生，如2003 年云南省的怒江开发之争和 2007 年福建省厦门市的石油炼化 PX 项目事件等，给社会稳定和城市安全造成了巨大压力。

整体来看，城市管理中的痛点、难点主要表现为以下几个方面。

第一，流动人口管理复杂性增强。随着城镇化的推进和出行成本的降低，农村人口从早期的"由乡入城"发展为高频率的"城际流动"。这类人口的快速流动可能引发大量民生问题，如就业和劳动保障、子女入学入托、健康医疗保障等，需要教育、卫生、公安、人力资源和社会保障等多部门联动以协调解决。同时，人口的高频流动也加大了社区管理、疫情防控、出行安全的治理难度，依靠传统手段的治理方法已经无法完全适应人口管理精准化和高效化的需求。

第二，老龄化日趋严重，公共服务供给压力持续增加。我国预计在 2025 年进入深度老龄化阶段，人口老龄化将在未来很长时间内成为我国的基本国情。这对医疗资源供给、社会保障与救助等公共服务供给提出了更高的要求。如何规划和配置养老基础设施和服务，建立和完善养老和医疗服务支撑体系，是优化城市管理资源配置、推进现代化城市管理的重要议题。

第三，公共安全风险类型庞杂，风险防范难度加大。从社会治安管理、综合消防救援再到突发性传染病治疗、高层建筑安全防护等，公共安全面临着复杂多元的风险挑战。城市规模的膨胀和人口的流动聚集，使自然灾害、安全事故、公共卫生事件等安全风险在城市空间叠加耦合，进一步加剧了风险防范难度和城市脆弱性。

第四，环境污染恶化，环境与经济发展矛盾日渐锐化。城市中人口和生产要素的高度集中，虽然促进了社会生产力的高速发展，但也带来了环境污染等负面效应。水资源污染、大气污染和噪声污染严重影响城市居民生活和健康状况，"垃圾围城"现象日益严重，邻避效应引发社会冲突不断，人口、资源、环境以及经济社会发展之间矛盾日益突出。若要正确处理好人与自然的关系、城市资源和可持续发展之间的关系，必须将环境保护和生态建设纳入城市管理，探索新的治理方法。

第五，公共资源供给紧张，公共服务水平有待提升。城市人口激增一方面给公共基础设施造成较大运行压力，另一方面对公共服务水平提出更高的要求。2022年北京市的12345市民服务热线受理群众反映问题7592.4万件，同比上升411.01%[①]。主要问题集中于市场管理、交通、环境保护、供热供暖和物业管理等方面。在公共资源短期内无法得到根本性解决的情况下，通过技术赋能和治理思路变革提升解决城市问题的效率，是当前城市管理的重要途径。

1.1.3　城市管理面临的根本挑战

总体来看，在新兴技术应用的背景下，以上城市管理痛点及难点主要来源于城市管理的分散性和治理对象的不确定性。

其一，城市问题参与主体变多。新技术的应用不仅为公民提供了即时、透明、多元的信息，也极大地拓展了公民参与社会治理的方式和途径。随着公民意识的觉醒、各类社会组织的参与和新兴技术公司的介入，城市问题的识别和解决也进入到多元共治的模式中。参与主体的扩大不仅对政府回应的速度和效率提出挑战[②]，也增加了主体间达成治理共识的难度，从而进一步增加了管理的复杂性。

其二，城市问题的复杂性提高。城市管理中涌现的新挑战不再是单一维度而是复杂利益的交织和部门间管理的耦合，从而对国家内部管理体系和治理结构提出了相应的调适要求，其中便包括跨部门、跨层级、跨条块的问题解决能力和部门职责分工的合理性。同时，城市管理往往受限于紧张的公共资源，某些问题一旦由决策进入实施就很难推倒重来，由此面临很高的治理成本。因此，对城市问题的界定和解决需要有连贯、统一的思路，只有进行系统化的跨部门合作才能寻找到低成本、高效率、全局性的解决方案。

[①]　北京市政务服务管理局.2022年北京12345市民服务热线年度数据分析报告［EB/OL］.（2023–03–30）［2023–10–08］. https://www.beijing.gov.cn/hudong/jpzt/2022ndsjbg/.

[②]　Chang（2012）提出，正是由于数字技术的便捷性，公民得以更频繁地通过电子邮件、在线市长信箱，甚至在公共机构的网页上分享他们对某一特定公共服务项目的评论、投诉，并对即时有效的回复提出要求。政府公职人员需要面对庞大的数据并快速做出反应，这可能会延误日常工作，降低行政效率。详见 "CHANG K. Digital governance: new technologies for improving public service and participation［J］. International Review of Public Administration, 2012, 17（2）: 175–178." 。

其三，城市问题的风险性增强。在新兴经济迅猛发展的社会中，居民生活中面临的各类风险和不确定性内化于城市的方方面面，且风险问题呈指数级增长。不可预期的事件日益增加，例如近年来出现的共享单车无序堆放、外卖骑手道路风险、城市安防系统风险等问题，对城市管理提出了充分研判风险和精细化风险治理的发展要求。

因此，现代城市管理着重要解决治理方式的分散性和治理对象的不确定性问题。一方面，城市管理逐步走向分散治理形态。城市管理涉及一个国家经济社会发展的诸多痛点和难点，并往往与社会治理交织在一起，对多元主体的互动协作与风险应对能力形成考验。基层治理涉及大量公共部门和私人部门的互动，需要在多元主体之间构建合作机制以实现分散行动下所不能完成的治理目标。另一方面，城市管理需要应对更高的不确定性。随着数字经济和新兴技术的兴起，城市管理新问题与新风险愈加复杂。技术应用所带来的故障风险、隐私保护、数据安全、技术滥用等问题极大地增加了城市管理的复杂性，而城市管理中的新兴业态和多元群体也给治理带来更多难以预测的挑战。以上种种，都对城市的精细化管理和问题解决效率提出了更高的要求。

1.2　新兴技术赋能城市管理

城市规模的不断扩张对城市发展产生了集聚效应，也为其带来了巨大的治理负担与治理挑战。诸多社会治理与风险问题隐藏于城市问题背后，对城市安全与城市可持续发展构成了巨大挑战[①]。探索城市管理的现代化转型思路和实践模式，是摆在各级政府面前的重要工作。

21世纪以来，中国也开始重视城市问题和相应治理机制的建设，并随之形成了三种主要的城市管理发展模式：一是从战略层面提出数字城市、智慧城市、智能城市等概念，将产业规划、城市规划与城市发展相结合，塑造可持续城市的发展模式；二是从政府管理角度应用新技术，迅速开展电子政务建设以

---

① 党的十九届四中全会提出，要"加快推进市域社会治理现代化"。新时期的市域社会治理已成为国家治理的重要维度，在国家治理、区域治理中占据着独特的战略地位和功能。

提升城市问题的解决效率；三是从社会治理的源头上快速回应需求，例如多个城市运行政务服务便民热线以第一时间接诉社会问题。

1.2.1 中国城市管理的现代化实践

中国城市管理的现代化实践源起于 2003 年的北京市网格化管理，并且这一模式在随后十几年中被迅速扩展到全国[①]，从多地城市管理实践均可看出网格化管理雏形。网格化管理依赖高度网格化的基层组织对问题和信息进行自下而上的提取，这一模式不仅超越了技术治理工具，而且可再造基层社会组织的秩序和条块关系。然而，如何打破封闭网格，实现赋责与赋权同步，依然是网格化实践的长期困扰[②]。

得益于新兴技术与数字经济的发展，中国城市管理出现了多样化的实践：如浙江省起源于"治堵"的杭州城市大脑和"最多跑一次"改革，上海市基于"人民城市"理念提出的政务服务"一网通办"、城市运行"一网通管"的"两张网"建设，北京市"吹哨报到"与"接诉即办"的体制机制改革，广东省数字政府建设和深圳市智慧城市探索，以及贵州省大数据治理，等等。根据当前的治理实践，城市管理转型思路可分为"技术应用型"与"制度变革型"，城市管理实践的对象可分为"面向居民或产业的外向型"与"面向政府的内向型"（表 1）。

杭州市城市大脑和深圳市智慧城市探索是典型的技术应用驱动的城市管理转型案例。这两者充分展现了技术变革及应用如何推动城市管理更聪明、更智慧。杭州市政府与新经济企业阿里巴巴合作，共同开发了城市大脑平台，实现了从"治堵"到"治城"的转变[③]。与此类似，深圳智慧城市建设吸纳了众多高科技企业参与，产生了华为公司"数字地图＋掌上治理"、腾讯

---

① 孙柏瑛，张继颖．解决问题驱动的基层政府治理改革逻辑——北京市"吹哨报到"机制观察［J］.中国行政管理，2019（4）：72-78.
② 在网格化管理中，问题和信息提取是自下而上分散式的，而管理和解决则依赖行政下派。
③ 杭州市城市大脑强调数字化为城市问题的解决服务，其为加快信息处理、信息分配和信息获取提供了便捷。建立数字资源平台，可将原先分散的信息化平台打通，为城市决策者提供信息，让城市具备思考能力。详见"李文钊．双层嵌套治理界面建构：城市治理数字化转型的方向与路径［J］.电子政务，2020（7）：32-42."

公司"智慧住建"房屋租赁系统、平安集团"i 深圳"政务 App 和前海九慧深圳市创业创新金融服务平台等众多数字化实践。这些实践不仅通过新兴技术实现了对各类城市问题的有效治理，还促进了智慧城市建设与新一轮经济创新的紧密结合与共同发展①。当然，与杭州市城市大脑面向政府端改造不同的是，深圳市智慧城市主要面向产业端，从而呈现出外向型城市管理的实践特征。

北京市"吹哨报到""接诉即办"机制改革和浙江"最多跑一次"改革是典型的制度变革驱动的城市管理转型案例。通过瞄准城市基层治理体系的制度短板，这两类改革立足基层，充分体现了"以人民为中心"的转型思路。北京市的改革通过下沉执法与编制方式赋予基层指挥调度权与人力资源，以促进条块间统筹；通过先进技术赋能的 12345 市民服务热线回应群众诉求，将服务接受者和需求诉求人双结合，形成自下而上的"倒逼式"改革。浙江省推进的"最多跑一次"改革强调了改革机制与行政权力运作体系的建设，利用政务大数据平台提升了治理效率，并经历了制度标准化规范化、公共数据互联互通、政府数字化转型三个发展阶段②。北京市与浙江省的改革体现了制度改革和技术应用并举、组织再造驱动的管理转型。其中，浙江省改革实践面向的对象为居民端，而北京市改革更多强调政府内部流程再造。

表 1 主要的国内城市管理实践与比较

	制度变革驱动的治理转型 [a]	技术应用驱动的数字转型 [b]
内向型 城市管理实践	北京市：吹哨报到，接诉即办 政府端——政府流程再造	杭州市：城市大脑 政府端——政务大数据融合
外向型 城市管理实践	浙江省：最多跑一次 居民端——政府公共服务供给	深圳市：智慧城市 产业端——政府数字产业发展

a 这类转型的缺陷在于依赖政治势能与高位推动。
b 这类转型的缺陷在于面临数字技术依赖难题。

---

① 智慧城市概念天然与产业界联系紧密，契合了产业结构调整的发展目标，为技术应用提供了更加多元化的场景。如深圳市依托发达的电子信息产业和移动支付基础设施，通过技术创新推动产业整体转型升级以带动产业结构调整与优化。
② 翁列恩. 深化"最多跑一次"改革 构建整体性政府服务模式［J］. 中国行政管理, 2019（6）：154–155.

在技术应用驱动的逻辑下，新技术适应了数字化治理的转变，解决了城市管理亟须提升的效率问题。技术主要通过三个方式实现城市管理的精准化和服务的高效化：一是技术降低了知识发现的成本，解决了当前的信息爆炸问题；二是技术方便了政务资源共享，实现了数据全生命周期管理；三是技术重塑了政府流程，优化了信息处理速度。在制度变革驱动的逻辑下，政治势能通过推动制度变革、迭代新的基层治理逻辑来灵活地应对问题。近年来的决策科学化、"放管服"改革、协同治理都取得了较好的制度变革效果。政府通过体制机制创新，不仅能修正行动策略，还能对政策目标和价值诉求进行灵活变革，从而增强城市管理的灵活性。

1.2.2 "技术＋制度"双轮驱动城市管理

面对现代城市管理的不确定性和复杂性，当前的治理实践主要从技术和制度两条治理路径出发，以实现良好的城市管理绩效。

技术路径是指通过信息集成和技术应用来解决城市管理过程中的信息供给、传输、处理问题，从而通过效率优化赋能城市管理。首先，技术型治理或技术应用让城市精细化的治理成为可能。一是城市管理应用技术手段可实现"问题发现"与"问题解决"的有效匹配，例如网络化管理[①]。二是技术可赋能治理创新，形成一套解决公共问题的新机制。如新兴信息技术可以推动操作层面的信息公开、信息流通与信息应用，降低政府、市场与社会三大治理主体之间及治理主体内部的信息不对称问题[②]。其次，技术应用能力问题是影响技术应用效果的关键[③]。一是技术应用是一种政治驱动，只有上级的高度关注才能驱动技术应用的广泛使用和效果提升。在技术理性推动中国智慧城市发展的过程中，"一把手"的政治支持会发挥显著影响[④]。二是技术应用并非万能，政府既要承担巨大的财政成本，

---

① 李文钊.理解中国城市治理：一个界面治理理论的视角［J］.中国行政管理，2019（9）：73-81.

② 关婷，薛澜，赵静.技术赋能的治理创新：基于中国环境领域的实践案例［J］.中国行政管理，2019（4）：58-65.

③ 范梓腾，孟庆国，魏娜，等.效率考量、合法性压力与政府中的技术应用：基于中国城市政府网站建设的混合研究［J］.公共行政评论，2018，11（5）：28-51.

④ 于文轩，许成委.中国智慧城市建设的技术理性与政治理性：基于147个城市的实证分析［J］.公共管理学报，2016，13（4）：127-138.

用以维持系统更新和持续的投资运营，也要面对技术失败的风险，例如灾难性故障引起的治理风险①和一系列技术应用可能引发的数据安全、隐私侵犯等伦理挑战。

制度路径则通过再造治理关系与组织秩序形成新的治理机制和治理文化，探索适宜的城市管理模式以改善治理效能。在制度变革中，最受欢迎的是协同治理理念。该理念强调通过民主协商与形成共识来解决问题以实现良治。然而，现实中诸多针对现代城市问题的协商与共识很难在第一时间内达成，更何况现实问题往往利益复杂且变幻莫测。针对这种现象，有学者提出公共组织与人民是平等而协作的，并以"最多跑一次"改革改变政府内部工作划分的案例，论证了人民在治理中所发挥的作用②。也有学者提出政府良好的治理效能是通过推动治理重心下移，从而使基层治理结构能够适应性地调整和转换来实现的③。近年来，制度变革思路下的城市管理转变被认为是针对现有体制下基层治理模式存在的缺陷所做出的技术化、工具化的修正和弥补，包括解决问题驱动的治理机制改革④、面向公民和决策者的双层嵌套治理界面⑤、条块整合和社区整合的双重整合机制等⑥。但事实上，制度变革可以更深度地赋能政府转型，如数字技术可支撑政府组织变革，利用信息源的开放性和即时性使政府从传统的业务逻辑中剥离，从而摆脱对特定科层制结构下运转模式的依赖⑦。数字政府环境中依据政府与非政府行为者之间责任与决策权的分享程度，可呈现多种治理机制⑧。

① 锁利铭，冯小东.数据驱动的城市精细化治理：特征、要素与系统耦合［J］.公共管理学报，2018，15（4）：17-26.

② 郁建兴，黄飚.超越政府中心主义治理逻辑如何可能：基于"最多跑一次"改革的经验［J］.政治学研究，2019（2）：49-60.

③ 刘凤，傅利平，孙兆辉.重心下移如何提升治理效能？基于城市基层治理结构调适的多案例研究［J］.公共管理学报，2019，16（4）：24-35.

④ 孙柏瑛，张继颖.解决问题驱动的基层政府治理改革逻辑：北京市"吹哨报到"机制观察［J］.中国行政管理，2019（4）：72-78.

⑤ 李文钊.理解中国城市治理：一个界面治理理论的视角［J］.中国行政管理，2019（9）：73-81.

⑥ 杨宏山，李娉.双重整合：城市基层治理的新形态［J］.中国行政管理，2020（5）：40-44.

⑦ 随着技术的进步、覆盖范围的拓展，市场选择可以推动更廉价、更高质量的数字政府创新和融合。当然，也有学者认为数字技术对于组织变革的贡献甚微，其仅是将私人领域模式引入公共领域的某种尝试。详见"LIM J H, TANG S Y. Urban e-government initiatives and environmental decision performance in Korea［J］. Journal of Public Administration Research and Theory, 2008, 18（1）：109-138."。

⑧ 包括适应性治理（adaptive governance）、敏捷治理（agile governance）、有机治理（organic governance）、多中心治理（polycentric governance）。

　　然而，无论是技术应用还是制度变革，都存在其固有的缺陷。在技术应用逻辑下，首要问题是治理所获取的数据是否能够反映真实客观情况，其次是该由什么主体来判断城市管理中需要解决的问题类型。这些问题都刻画出城市管理技术路径的缺陷——存在技术刚性。若过于依赖技术手段解决问题，则无法从源头上灵活应对城市问题的发生，难以形成有效的解决方案。在制度变革逻辑下，治理转型必须通过长时间的政治势能驱动[①]，这可能给基层治理的公共资源和人力成本带来沉重负担。值得注意的是，提高协同效率不能仅仅依靠数字化转型，中间科层机构灵活性的提升才最为关键。但是当前诸多制度改革或是仅让中间层成为上传下达的工具，或是仅通过政治压力和技术应用提高效率，长此以往难以解决灵活软性机制与官僚硬制度之间的张力[②]。

　　"技术＋制度"双轮驱动（图1）可在一定程度上解决既有治理掣肘，提升行政效率，增强应对灵活性。但要想实现较高程度的治理转型则需进一步探索敏捷治理引领下的城市转型模式，形成和培育出敏捷治理的思路，从而破解制度路径依赖政治势能和技术路径面临技术刚性的难题。新公共管理思潮将外

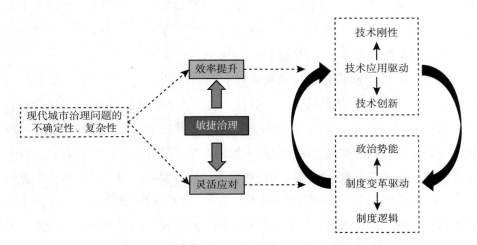

图1　现代城市管理的"技术＋制度"双轮驱动机制

①　贺东航，孔繁斌.中国公共政策执行中的政治势能：基于近20年农村林改政策的分析［J］.中国社会科学，2019（4）：4-25.

②　赵静，薛澜，吴冠生.敏捷思维引领城市治理转型：对多城市治理实践的分析［J］.中国行政管理，2021（8）：49-54.

包作为解决政府能力与技术不足的主要途径，但是外包合同管理过程过于注重绩效，导致在政府软件外包设计中常出现项目失败的问题。

此外，制度变革驱动与技术应用驱动的转型模式，在面向政府内部与政府外部实践时，都会遇到相应的治理难题与转型缺陷。一方面，由于缺乏顶层设计和体制机制改革，技术驱动的城市管理面临多元主体参与不足、数据资源互联互通共享不完善等问题。同时，过于侧重技术改革而忽略制度改革则会导致对数据技术的过度依赖，无法真正解决城市管理的关键痛点。另一方面，制度变革的治理实践也存在不少问题。例如，北京市与浙江省经验面临上下协调不畅的问题，主要表现为权力运行碎片化与政府科层制结构间的不协调。技术应用与制度变革面临如下困境：技术刚性难以短期内克服，而政治势能与高位推动也难以持续。因此，要想形成真正双轮驱动的治理模式，则应探索如何提升每个环节的灵敏性，并克服中层组织上下衔接的碎片化问题，真正将技术应用优势与制度变革优势共同发挥出来。总而言之，虽然技术应用能为城市服务提供有效的解决方案与解决手段，但现实中出现的技术刚性与技术风险不免带来新的治理挑战。因此，制度变革如何能更灵活地适应技术变革，技术变革如何能够更加敏捷地推动制度变革，从而形成制度变革与技术变革的正向循环反馈，是当前城市管理数字化转型的核心突破口。

为此，实践者和研究者们都开始探索新的指导思路来重塑数字服务和电子政务，"敏捷治理"就是其中的有益探索之一。2001 年的《敏捷软件开发宣言》(*Manifesto for Agile Software Development*)开启了敏捷软件开发方法和敏捷管理的研究范式。敏捷思路不仅根本性地改变了软件设计、项目管理、商业操作范式，还重塑了政府管理模式，形成了"敏捷政府"与"敏捷治理"等概念[1]。随着政府应对问题的复杂性增大，"敏捷"也开始被视为嵌入在正式工作组和结构中的一整套例程和过程，具有敏捷性的管理部门对改革，以及适应不断变化的环境、公共价值和公共需求持开放态度。越来越多组织选择通过敏捷转型来提升自身竞争力，形成新的组织领导力与组织文化，从而彻底改变组织

---

[1] 敏捷政府在软件设计思路上将之扩展为组织文化，以实现更高程度适应的协作方法，强调敏捷运动下形成的组织更具有灵活性与回应性。政府工作方式的重大变化主要是通过政策变更或公共管理改革来引入，只有危机管理者才用敏捷的方式应对与处理问题。

应对外界事务的方式方法^①。例如对新兴产业监管采用敏捷治理的思路时，只有实现"同步调整"与"同等规制"，重塑治理目标、治理关系、治理角色，才能适应新兴产业发展与监管的治理需求^②。

1.3　生物特征识别技术治理

随着城市体量的迅速扩张，城市管理面临的挑战日益复杂，对技术赋能城市管理提出了更高的要求。其中，生物特征识别技术凭借对"人"的精准识别和公民身份的有效匹配，在解决城市管理中异质性群体的多元需求时发挥着独特作用，能极大地促进"以人民为中心"的精准化公共服务的实现。然而，随着生物特征识别技术赋能城市管理的领域和场景不断拓展、力度和深度不断强化，新的社会、技术与产业风险也相继被触发。这使政府必须注意生物特征识别技术背后的应用风险，思考构建完善的技术治理体系。

1.3.1　技术困境：生物特征识别技术应用的两面性

生物特征识别技术当前已得到长足发展，并在现代城市管理中被广泛应用。

第一，生物特征识别技术近年来发展迅猛，应用广泛。根据中国信息通信研究院报告统计：2017—2018 年，生物识别产业增长率达到 22%；2019 年，全球生物特征识别市场规模为 200 亿美元^③。随着深度学习技术的发展和基于大数据的算法的迭代升级，生物特征识别技术的准确率和安全性快速提升，其也正朝多元化和融合化方向发展。当前，市场不仅开发了步态识别技术和心跳识别技术，也开始探索以多特征协同识别来克服单一识别失灵或识别错误的可能方法。生物特征识别技术在执法和公共安全、军事、边境移民管理、公民身份识别、医疗保险和补贴、计算机网络物理和逻辑访问、商业应用等领域被广泛用于身份核验和授权使用。

---

① 在实践和学术环境中，人们通常将敏捷与响应能力或适应性治理等术语互换使用，主要强调标准操作程序的瞬时变化。敏捷的概念是在速度和可扩展性的基础上增强了适应性和灵活性。

② 薛澜，赵静. 走向敏捷治理：新兴产业发展与监管模式探究［J］. 中国行政管理，2019（8）：28-34.

③ 中国信息通信研究院. 生物识别隐私保护研究报告（2020）［R］. 北京：中国信息通信研究院，2020.

第二，生物特征识别技术为城市管理各领域提供技术解决方案。城市公共安全防护、行政智能化服务、社会保障精准覆盖、城市交通大脑以及医疗与公共卫生是生物特征识别技术应用范围最广、程度最深的五大城市管理场景。①在安防领域，人脸识别和指纹识别常被公安系统用于逃犯追捕、人员布控、身份信息检索等业务。②在诸如金融、行业监管、家政等领域中，生物特征识别技术帮助智能核验身份并进行监管留痕。③在社保领域，生物特征识别技术可用于精准识别社会保险经办者身份，尤其可以解决资格认证困难、养老金冒领等突出问题。④在交通监管处罚和系统优化中，生物特征识别技术可协助开展违法行为的非现场执法治理行动，如车辆违法信息取证和行人违法行为捕捉，以及用于城市行人流量感知、交通信号系统控制等。⑤在医疗与公共卫生领域，生物特征识别技术因其识别的便捷性和精准性在疫情期间实现了安全高效的身份识别，以及对流动人员的信息验证与信息记录。

虽然生物特征识别技术迅猛发展并逐步在城市各类事务管理中被广泛运用，但是技术潜能和应用场景仍待进一步提升，且技术背后的潜在风险也亟须引起关注，尤其是其运用于城市管理中可能造成的大范围的、突发的公共风险。

第一，城市管理中生物特征识别技术的能力水平、应用场景与合作方式仍有待提升。①城市管理问题日益复杂，对生物特征识别技术的识别效率与技术能力提出了更高的要求，识别稳定性、技术防伪性、采集便捷性的发展迭代仍需要海量数据训练予以支撑。其中，声纹识别、静脉识别、步态识别等技术发展还处于早期，应用较少。②城市管理具有多元化的场景，生物特征识别技术应用还可拓展到诸如智慧城市、司法刑事、军事国防等新场景，而当前技术普遍被应用在单一化的城市管理场景中，基于多场景解决复杂公共问题的技术融合较少出现。③城市管理中运用生物特征识别技术的合作模式仍待多样化探索。目前生物特征识别技术的使用大多以政府外包形式开展，公私合作模式偶有出现。

第二，生物特征识别技术应用背后仍然存在多种潜在的技术风险。①识别精度风险。生物特征识别技术仍然需探索以满足多场合下非标准化的识别需求，尤其是生物状态和环境状态会影响识别精准度。深度伪造技术也会冲击生物特征识别结果，威胁个人与公共治安，甚至影响司法取证。②数据存储与泄露风险。随着全球资产数字化的发展和数据价值的剧增，数据泄露事故愈加频发，被泄露的数据的颗粒度愈发精细。掌握海量数据的企业面临更高的数据安全风险。③技术滥用与技术不公平问题。非必要的场景强制用户使用生物特征识别技术进行身份确认的情况屡见不鲜。同时，技术使用正面临着群体使用鸿沟，技术可得性差异会影响数据的结构与特征，加剧算法偏见。

第三，城市管理中使用生物特征识别技术会产生大量社会公共问题。在城市管理中使用生物特征识别技术意味着政府以公共事务需求的名义利用公权力广泛采集公众的生物特征信息，并对公众行为与公共活动进行识别与监督，这同时意味着政府将面临回应公众对信息隐私保护、技术安全、伦理规则等方面的担忧的责任。①政府数据存储与行为信任。生物特征识别技术的技术风险在涉及公共事务时更容易形成大范围的社会舆论，由此引发公众对政府数据存储的不信任和潜在监听监视的担忧，并对究竟何种场景可应用生物特征识别技术提出疑问。②公共数据使用与责任划分。生物特征识别技术的研发与应用服务涉及大量的政府外包，而技术风险的责任划定建立在城市管理产品供给的公共属性基础之上。这其中面临多种亟待解决的问题，如：政府倡导技术发展时的基本风险底线和规则如何清晰界定？技术应用产生的数据使用边界和开发权益如何在政府、企业和公众之间进行有效确定与分配？

1.3.2 制度困境：政府的双重角色

在数字时代，承担技术治理者与技术运用者双重角色的政府将面临巨大考验。作为新兴技术的治理者，政府肩负着技术规制和产业监管的重要使命，因而必须平衡好技术治理和技术发展的关系，避免过度规制阻碍技术发展；而作为新兴技术的实际运用者，政府在享受技术福利时极易忽视技术本身的缺陷及潜在隐患，从而引发社会风险、风险规避乏力等情况。

第一，技术运用者角色。政府作为城市管理的主体，是技术的直接使用者与受益者。技术赋能已经成为城市管理的重要手段，充分提高了公共治理的资源配置效率。技术应用过程不是数据资源与价值的简单运用和提升，而是城市管理工具和治理模式的技术性优化，从而帮助政府在城市管理过程中进行理念更新、流程优化和机制创新，这有益于政府决策模式从科层制权力决策或经验决策向技术理性决策转变。但是，政府技术应用带有一定程度的社会示范效应，相当于政府为技术可靠性做担保。同时，政府应用领域大多为公共服务领域，技术风险所涉及的层面更为广阔，风险传播也更为迅速。此外，政府在技术使用过程中面临跨部门的数据整合、系统对接，甚至要综合各类技术提供商与技术路径，这意味着政府在技术使用过程中还面临内部管理模式的整合与政府公共服务外包的系统思考与顶层设计问题。作为技术最大使用方之一，在考虑示范效应、公共使用风险、内部应用整合等问题时，政府面临更为综合复杂的判断、决策与管理难题。

第二，技术治理者角色。任何一项技术的应用不仅存在源自技术系统自身的风险，也存在技术滥用和技术不公平等风险。技术应用于城市管理的前提是对技术的恰当赋权和合理规制，在获取高效、便捷的技术使用价值的同时，应当对技术应用风险进行充分研判。政府作为公权力代表，承担着技术规制者的角色，具有引导市场技术应用与规制技术风险的公共职责。政府应当密切关注新兴技术应用的潜在技术风险和行为主体的伦理缺失，谨防技术应用者或治理主体过度依赖和滥用技术而导致数据权力扩张甚至治理失控，并基于此目的构建一整套"集体行动方案"、制度规范和法律框架，积极探索新兴技术风险治理的有效路径。

1.4 城市管理需要改变"什么"

当然，过度的技术赋能治理也会让城市陷入新的困境：一方面，过度技术驱动有可能造成数据过度依赖，技术使用者盲目回避技术缺陷，或是形成数据垄断等问题，进而无法真正解决城市管理的痛点；另一方面，技术驱动治理在较长时间内需与当前制度体系互相磨合，如果缺乏顶层设计和体制机制改革，城市管理也将面临多元参与不足、权力运行碎片化与政府科层制结构不协调等问题。技术在城市管理中的应用和发展，是技术与社会相互构建的结果。为了防止技术产生系统性风险，必须建立起具有引导性的法律原则和基本的政策框架。

第一，探索生物识别技术背后的法律实践原则，对当前实践予以指引，并进一步丰富和健全技术研发和应用法律框架。生物特征识别技术的诸多风险与伦理问题仍需进一步的法理探索。在社会政策实践与产业实践的问题不断涌现的当下，政府亟须一套具有灵活指引性的法律原则指引司法实践和相关政策制定。同时，技术赋能城市管理的发展趋势加大了政府对技术路径和科学理性的依赖，但政府仍缺乏研判和规制技术风险的动力。要在法律制度框架内去预测、反思、评估、反馈和消除技术潜在风险，防止技术漏洞、制度缺陷和监管缺位给城市管理带来新的问题。

第二，政府亟须对技术发展规律和技术风险进行有准备的前瞻性预测。只有对新兴技术发展规律和潜在技术风险做出前瞻性的分析，才能为政府决策与技术应用提供参考信息。应制定相应的技术标准体系和预案，确立使用准则，设定监管标准，引导技术研发方向，为新兴技术创新提供思路和支撑。

第三，构建多元政策决策机制和政策框架体系以适应新兴技术的发展变化。技术研发者和推广者既是技术受益者，也可能是政府技术治理过程中的重点治理对象。政府具有使用者和监管者双重身份。科技理性和技术福利"利导"下的政策决策往往容易混淆政府、技术研发者在不同身份中的职责和立场。而公众作为城市管理的重要组成部分，却往往被排除在政策决策之外。因此，必须建立起多元群体参与的政策决策机制，形成具有共识性的政策框架体系，以平衡各方角色在技术应用与技术风险之间的张力。

第四，寻觅新的技术治理方式与理念。在探寻城市管理之道的过程中，必须实现治理主体理性与技术价值的深度融合。要发挥好政府在技术治理中作为技术运用者和技术治理者双重角色，激发城市管理主体性责任，守住技术风险防线。一方面，作为技术运用者，政府要将城市管理数字化转型与技术应用场景创新探索结合起来，进一步推动技术创新与新兴产业发展。另一方面，作为技术治理者，政府要厘清各部门的职能，精准界定个体和部门的责任，形成清晰的技术治理边界，把技术"规制"在风险可控范围之内；同时，政府应当对技术应用和发展设定规则，对技术滥用、数据泄露、算法偏见、数据垄断、隐私侵犯等风险精准设定应用主体的"责任清单"，建立快速响应的追责机制，避免在技术应用中产生"有组织的不负责任"的问题。

第二章
生物特征识别技术的发展与应用场景

生物特征识别技术正被广泛地应用于各类授权控制和生活社交场景。生物特征识别技术多指通过生物体（一般特指人）本身的生物特征来区分生物体个体的计算机技术。用于识别的生物特征可以分为生理特征和行为特征两类，涉及声音、脸、指纹、掌纹、虹膜、视网膜、体型、个人习惯（例如敲击键盘的力度和频率、笔迹）等。本章从技术的误识率、数据采集便捷性、数据安全性、稳定性、识别模式等方面，总结了五类生物特征识别技术的优势与劣势，并从技术应用角度，阐述了生物特征识别技术在市场占比、应用领域、民用程度、技术成熟度、设备成本、主要用户等方面的情况。此外，随着技术的广泛应用，公众对生物特征识别技术的认知程度、接受程度也在不断提高。我们对中国公众的生物特征识别技术使用情况、公众认可度，以及对技术、数据与伦理的风险认知及数据安全认知等进行了较为系统的调查。基本而言，当前公众对生物特征识别技术的认可度较高，但对技术、数据和伦理的风险仍有一定顾虑，对由政府作为数据存储主体有着更高的信任度。

2.1 生物特征识别技术的发展情况

随着长期的发展和应用，生物特征识别技术正在人类社会生产生活中发挥着日益重要的作用。采用生物特征来鉴定身份的方法最早可追溯到古埃及——古埃及人会通过测量人的尺寸来鉴定身份。这类简单的基于测量人的身体某一部分或者举止的某一方面的识别技术延续了几个世纪。现代的生物特征识别技术始于20世纪70年代，受限于当时的设备成本和技术水平，该技术早期主要应用于安全级别较高的领域与场所，比如国家重点实验室、生产基地和重要人物甄别等。随着识别准确度的提高和各类电子元器件成本的下降，生物识别系统开始被广泛应用于各领域。

2.1.1　关键识别技术情况

1. 指纹识别

指纹识别技术利用识别对象的指纹特征，进行对比识别，并判断对象身份。灵长类动物手指末端指腹皮肤存在独特的、凹凸不平的纹路，这就是指纹。指纹也可以指上述纹路在物体上留下的痕迹。指纹是每个人独特、稳定的生理特征，其三类细节特征点（起点、终点、分叉点，见图2）具有个体性差异，因而可以利用指纹的独特性识别对象身份。

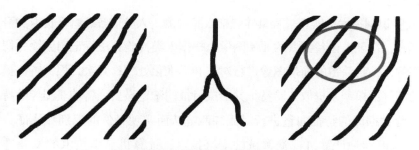

图2　指纹的三类细节特征点：起点、终点、分叉点

指纹识别应用历史悠久，应用场景丰富。我国早在古代就用画押的方式进行身份确认——当时人们以指纹画押，比对时再按一次手印并进行人工辨认从而完成身份认证。按压手印验证身份的方式保留到了现代社会。19世纪末已有国家利用指纹辨别罪犯身份，随着计算机的普及，20世纪中叶后基于现代计算机的指纹识别技术研发进展迅速。指纹识别是较早落地商用的个人生物特征识别技术，自20世纪末发展成熟之后被广泛用于各类电子设备之上，例如智能手机、笔记本电脑等，我国的二代居民身份证也采集了个人指纹信息。

指纹识别的一般过程为指纹采集、特征提取和对比识别。指纹识别的特征提取过程有不同的算法和实现模式。区别于人脸识别利用深度学习算法、依赖大数据集训练提取特征，指纹识别的图像采集场景更为规范，且不受光照等环境因素的额外干扰。同时，由于获取大规模指纹数据集可行性不高，目前主流商用的指纹识别特征提取方法仍为传统的机器学习方法。当然，基于深度学习的指纹识别特征提取算法相关研究也在推进。

当前，指纹识别产业的发展已较为成熟。指纹识别早在消费电子、安防等产业中被广泛应用。国内早已形成了完整的指纹识别产业链。例如，从事指纹芯片设计的上市企业汇顶科技，以及思立微、费恩格尔、迈瑞微等一众国产指纹识别芯片厂商。

2. 人脸识别

人脸识别是计算机视觉（computer vision）领域里典型的应用案例，主要通过计算机录入、对比和匹配生物面部生理特征来识别和辨认个人身份，包括人脸图像采集、人脸定位、人脸识别预处理和身份确认及查找等一系列技术流程。

人脸识别技术的实现过程具体包括人脸检测、人脸对齐、特征提取和身份识别：首先，在录入设备捕获的原始图像上根据人类检验算法标记出人脸并切割出面部图像，并将获得的面部图像进行对齐和标准化处理；其次，根据特征提取算法即训练好的模型来提取人脸特征并形成特征向量；最后，将捕获图像的特征向量与人脸数据库的特征向量进行对比和匹配从而实现身份的识别和认证。

人脸识别是计算机视觉领域的新兴技术，计算机科学技术的发展进一步推动了人脸识别技术的发展。早在 20 世纪 50 年代，认知科学家已经开展了对人脸识别技术的系列研究。早期的人脸识别技术基于统计学方法实现。1991年取得突破性进展的"特征脸"方法运用主成分分析技术，统计归纳人脸特征，实现了较为精准的识别效果。随着机器学习技术的快速发展，科研工作者将各类机器学习算法运用到人脸识别问题上，如用遗传算法、支持向量机、决策树等方法进行识别。在这一阶段，提高识别效果的核心问题是探索更为精确、高效的特征提取方式，即如何用人脸图片构建能够准确表征个人身份信息的可计算数据。但该阶段的研究在开源人脸数据集 LFW（Label Faces in the Wild）上的最高精度只有 80% 左右，距离商用落地的识别精度还较遥远。进入大数据时代，深度学习算法取代了传统机器学习方法，在图像识别、图像分类、语音识别等领域取得了突破性进步，而神经网络则是诸多深度学习算法中的"明星"。2014 年前后，香港中文大学研究团队实现了基于卷积神经网络的人脸识别方法，取得了突破性进展，在开源人脸数据集 LFW 上获得了超过人类水平的识别精度[①]。在此之后技术不断迭代进步。近年来基于深度学习的人脸识别基本的发展趋势是：训练数据量、参数规模、模型复杂程度不断增加，识别精度越来越高；但可解释性也越来越差，识别精度极度依赖大规模人脸数据。

以国内某平台提供的人脸识别服务为例，该服务提供人脸检测与分析、五官定位、人脸对比和人脸搜索四项基本服务。针对前三项服务，用户只需上传需要检测分析的图片，而使用人脸搜索功能则需要上传图片构建人脸库。人脸识别的过程可大致划分为数据采集、特征提取和对比识别。前三项服务对应的就是特征提取过程，即将图片处理为特征向量，也就是一串包含信息的数字，以用于不同目的的计算，比如人脸检测与分析得到的人的性别、年龄等信息，五官定位给出五官位置；人脸对比则是对特征向量进行相似度计算。人脸搜索功能则增加了上传图片构建数据库的过程。上述过程中最重要的部分是提取特征向量，这一技术由训练好的模型完成，而模型背后则是海量数据的支撑。

这里引用腾讯云平台关于人脸识别模型的说明文档："腾讯云神图·人脸识别基于腾讯优图祖母模型，融合度量学习、迁移学习、多任务学习等多种训练手段来优化模型。随着深度学习研究的进展和客户反馈，算法模型的准确性和适用性会不断提高。这些改进将通过不同【算法模型版本】为您提供服务。"文档中体现了人脸识别技术发展进步的两个方向：不断扩大数据规模和迭代发展技术和模型。前者指不断收集用户反馈以扩大数据集并用于模型训练；后者则是技术本身迭代进步，包括新的算法、模型、理论的提出和算力的增长带来的模型规模的扩大。

中国人脸识别技术在全球具有较强的竞争力，且在多个细分领域优势明显。

首先，中国的人脸识别技术的底层算法处于世界领先水平。全球人脸识别算法测试竞赛（Face Recognition Vendor Test，FRVT）由美国国家标准与技术研究院（National Institute of Standards and Technology，NIST）举办，是目前

---

① 清华大学发布：人脸识别最全知识图谱［EB/OL］.（2018–12–24）［2023–06–08］. https://cloud.tencent.com/developer/article/1376381.

全球范围内规模最大、测试最严谨、结果最权威的人脸识别算法竞赛之一。在
2018 年的竞赛中，前十名算法中中国人脸识别公司依图科技（第一和第二）、
商汤科技（第三和第四），以及中国科学院深圳先进技术研究院（第五）开发
的算法包揽了前五名，旷视科技开发的算法排名第八。

其次，中国人脸识别技术的创新应用与市场覆盖率也领跑全球。中国已
经成为全球人脸识别技术行业最大的消费者，占据了全球近 30% 的市场份额，
这一趋势将持续扩大。根据头豹研究院的研究报告：2016 年我国人脸识别市
场规模仅 5.0 亿元，而 2019 年我国人脸识别市场规模攀升至近 95.8 亿元，期
间年复合增长率高达 166.9%；预测至 2024 年，中国人脸识别市场规模将超过
1000 亿元，2019—2024 年年复合增长率可达 62.4%[①]。

再次，中国人脸识别技术产业整体全球领先。人脸识别产业的上游包括
能为人脸识别提供计算的芯片制造企业，以及提供系统底层支持的服务器、存
储卡、影像传感器等设备组件制造企业；中游包括基于几何特征、局部特征、
弹性模型和深度学习神经网络发展而来的算法软件、云计算平台的硬件模块制
造企业；下游则包括以摄像头、刷脸支付机器等为主的标准化硬件产品、系统
集成产品（诸如闸机、门禁系统、取款机等智能硬件设施以及应用软件和解决
方案供应系统）制造企业。整体来看，我国人脸识别产业从中游技术算法到下
游应用场景的设计和创新都处于全球前列。

最后，我国开展人脸识别技术相关业务的公司众多，产业发展迅速。目
前国内人脸识别行业的市场份额竞争者主要有两类：一类是以云从科技、依图
科技、旷视科技和商汤科技为主的新兴科技公司，它们以顶尖的人脸识别算法
入局并不断进行产业升级；另一类是以海康威视、大华股份为代表的传统硬件
厂商，这类厂商往往硬件领域实力雄厚，占据渠道先发优势，并拥有自身人脸
识别算法技术。和新兴科技公司相比，传统硬件厂商的核心优势是多年深耕安
防等领域积累的数据和渠道优势，包括人脸数据、环境数据，以及长期合作的
政府客户资源。尤其对于安防、医疗等壁垒明显的行业，数据和客户渠道可能
比算法技术更为重要。

① 头豹研究院.2020 年中国人脸识别市场报告［EB/OL］.［2022-01-05］. https://pdf.dfcfw.com/pdf/H3_AP202101221453140684_1.pdf?1611321532000.pdf.

3. 虹膜识别

虹膜识别技术利用人眼虹膜结构特征信息识别对象身份。人眼虹膜结构在整个生命历程中保持稳定，并且具有复杂多样的特征，包括斑点、条纹、隐窝等。更高的独特性与稳定性使虹膜识别精度更高，在各类生物特征识别技术中高居首位。

虹膜识别是一项新兴的技术，发展历程较短，但已经实现相关产业的落地。自 1987 年阿兰·萨菲尔（Aran Safir）和伦纳德·弗洛姆（Leonnard Flom）提出利用虹膜识别身份的概念想法后，1991 年虹膜识别技术在美国洛斯阿拉莫斯国家实验室被成功研发，随后虹膜识别技术系统不断迭代优化，正式落地使用。

国内的虹膜识别技术提供商主要有两家即上海交通大学图像处理与模式识别研究所和中国科学院自动化研究所，其成果均已经产业化，对应的商业落地公司为上海聚虹光电科技有限公司和北京中科虹霸科技有限公司。当前虹膜识别产品在矿山人员安全管理、监狱门禁管理、银行与金融、教育考试及社保政务等领域均有应用。但受限于设备成本高、使用便携性相比人脸识别等技术没有优势等因素，国内虹膜识别产业知名度不显，且主要在工业、安防领域落地应用，个人使用较少。

4. 静脉识别

静脉识别是利用静脉信息识别身份的生物特征识别技术。静脉识别具有高度防伪、简便易用、识别快速及高度准确四大特点。但同时，静脉识别也有其缺陷。目前仍不确定手背部分静脉是否稳定不变，且采集静脉通常对设备技术要求较高。目前国内有通元微智能科技、智脉科技等公司从事相关研究。

5. 声纹识别

声纹识别是利用人说话的声纹信息确认身份的生物特征识别技术。声波本身以频谱信号存储，声纹识别则通过对声波信号的识别来实现。由于人类说话的过程和各项生理特征相关联，每个人的声音都有其特点，听声识人在技术上可行性较高。

声纹识别相比其他生物特征识别技术有更多优势。首先，声纹提取方便，声音信息抛开对话本身内容来说敏感度较低，更容易被使用者接受。其次，声音信息采集设备已经非常成熟，成本相对低廉。最后，对声波信号的处理相比对人脸信息的处理复杂度更低，需要的计算资源更少。但声纹识别也有缺陷：声音受情绪、身体状态、年龄等多重因素影响，个人的发声习惯会因客观或主观因素而改变，从而影响声纹识别的准确性。因此，由于技术本身特点限制，声纹识别目前主要用于一些对身份安全性要求不高的场景当中。目前国内的科大讯飞、思必驰、SpeakIn、云之声等公司都推出了相应的声纹识别技术。

几种生物特征识别技术特征对比如表 2 所示。

表 2 　几种生物特征识别技术特征对比

	指纹识别	人脸识别	虹膜识别	静脉识别	声纹识别
误识率	0.000 01	0.000 1	0.000 000 01	0.000 01	0.000 1
数据采集便捷性	易于采集	极易采集	对采集设备要求较高	采集困难	极易采集
数据安全性 [a]	低	低	高	高	低
稳定性	低	中	高	高	低
识别模式	接触	不接触	不接触	接触	不接触
防伪性	低	低	高	高	低
数据依赖程度	低	极高	低	低	高

a 数据安全性主要考虑以下几个方面：第一是特征信息本身的特点，由于生物识别利用的生物特征信息具有唯一性，部分具有稳定性（终生不变），因此数据泄露后风险极大，相较于传统识别方式而言，数据风险更大；第二是采集便利程度决定的非法采集难度，这一点上虹膜识别和静脉识别由于采集要求较高，安全性高于其他技术；第三是数据泄露风险，这一点上各类技术相当，由数据存储方式决定。综上所述，虹膜识别和静脉识别的数据安全性高于其他三种技术。

2.1.2 技术发展趋势概况

当下，生物特征识别技术发展迭代迅速、各类新技术层出不穷，但也面临着许多技术漏洞和风险隐患。

第一，生物特征识别技术朝向多元化发展。新技术的创造开发时间周期越来越短：指纹识别经过了数千年的发展迭代，人脸识别的发展始于 20 世纪 50 年代，虹膜识别则起步于 20 世纪 90 年代，其他技术的发展历程更短。近年来一些新的生物特征识别技术不断被开发，如步态识别技术、心跳识别技术等。随着科技的发展，会有更多生物特征识别技术被更快地开发应用。

第二，单一识别技术或多或少存在缺陷和隐患，多特征协同识别将会是未来的应用趋势。单一技术难免有困境与特例，而利用多种技术协同工作，能够有效提升识别准确度和身份安全性。因此，为了解决单一生物特征识别技术应用过程的缺陷，识别系统趋向于综合应用多种生物特征识别技术，这样的系统被称为多模态生物特征识别系统。多模态生物特征识别系统早有规范标准，2007 年由国际电工委员会（International Electrotechnical Commission，IEC）与国际标准化组织（International Organization for Standardization，ISO）联合发布的《信息技术　生物特征　多模态及其他多生物特征融合》（ISO/IEC TR 24722：2007）提供了融合多种生物特征识别技术的识别系统方案，该方案融合多种生物特征，以保证在缺失部分生物特征信息的情况下完成准确识别，识别的稳定性和精确度更高。

第三，生物特征识别过程中特征提取是算法迭代的核心部分。目前生物特征识别技术发展的整体趋势是从传统机器学习方法转向深度学习方法，但受限于数据集需求、应用场景本身特点、准确率等因素，不同技术在落地场景中使用何种算法有所差异。如指纹识别多使用传统机器学习算法，而人脸识别则基于深度学习和海量人脸数据进行模型训练，声纹识别也借助深度学习来实现特征提取。

第四，技术发展驱动产业前进的同时存有诸多安全隐患。以深度学习为代表的技术进步驱动了生物特征识别技术的快速发展，识别的信息也不仅仅局限于身份的认证，还包括年龄、性别，甚至收入、情绪、情商等附加信息的推断。但同时，技术的发展也衍生出许多负面问题：通过深度学习方法攻击已有系统或伪造生物特征等事例近年来层出不穷，技术庞大的数据需求也引发公众对隐私问题的担忧，等等。

2.2　生物特征识别技术的主要应用场景

生物特征识别技术种类繁多，其中既有发展应用较为成熟的指纹识别、人脸识别、虹膜识别，也有相对新兴的静脉识别和声纹识别等。目前，国内外都有大量生物特征识别技术被应用于各个领域，通过赋能不同产业和不同场景，发挥了积极效用。

几类生物特征识别技术应用情况对比如表 3 所示。

表 3　几类生物特征识别技术应用情况对比

	指纹识别	人脸识别	虹膜识别	静脉识别	声纹识别
市场占比	约 58%	约 18%	约 7%	约 7%	约 5%
应用领域	移动设备、安防	金融、安防、公共管理	公安、安防、安检	设备昂贵，暂未普及	准确率低，不稳定，未普及
民用程度	高	高	低	极低	低
技术成熟度	非常成熟，落地成功	起步较晚，技术仍在发展，但落地场景多	较为成熟	不成熟	尚在起步阶段
设备成本	非常低	一般	较高	非常高	非常低
主要用户	政府、企业、个人	政府、企业、个人	政府、专业机构	政府安全部门、机密机构，以及矿山等	无

2.2.1　指纹识别

指纹识别应用历史悠久，应用范围广泛。基于计算机技术的指纹识别始于 20 世纪 60 年代，但受限于成本与技术水平，初代的指纹识别技术主要应用于军用领域和重大安防场景。智能终端领域的指纹识别始于 2013 年美国苹果公司发布的 iPhone 5S，该款手机上第一次搭载了指纹识别系统，开启了指纹识别应用于移动端解锁和移动支付的先例。2014 年以来，各大手机厂商都开始将指纹识别应用于智能手机、平板等设备，指纹识别设备也从过去的电容式采集（按键指纹识别）向今天的光学采集（屏下指纹识别）演进。其他硬件如电脑及其周边设备、汽车锁、指纹门锁、可穿戴设备等纷纷内置指纹识别系统进行身份认证；当下的移动支付（微信、支付宝、各个银行 App）平台也都可通过指纹信息的识别实现支付功能。2018 年天猫"双十一"数据统计表明，通过指纹识别和人脸识别支付总额达到总交易额的 60.3%[①]。

指纹识别技术也被大规模应用于边境流动人口管理中，用以国外旅客身份识别以及国内公民身份核实。涵盖指纹、人脸等信息的生物特征认证系统是通过将在边界处读取的人脸 / 指纹与护照微控制器中的人脸 / 指纹加以对比来完成认证工作的。因此，许多国家建立了生物识别基础设施以掌握出入境人员的流动情况。边境检查站的指纹扫描仪和摄像头捕捉到的信息将有助于以更精确的方式识别入境旅客身份。在一些国家，领事馆也同样使用生物特征技术完成签证的申请和续签。

自动指纹识别系统通常与公民登记数据库相连接，以可靠、快速和自动化的方式确保公民身份的唯一性。在公民身份识别与人口登记领域，印度的 Aadhaar 数据库项目是典型代表，它是迄今为止世界上最大的生物识别系统。Aadhaar 数据库项目给所有印度居民唯一的 12 位身份识别号码，这个号码基于他们的个人和生物特征数据产生，具体包括一张人脸识别照片、十个指纹图片和两个虹膜扫描图片。截至 2021 年 1 月 19 日，印度已经有近 13 亿人拥有了 Aadhaar 号码，覆盖了印度 99% 以上的成年人口[②]。Aadhaar 数据库项目最初为公共补贴和失业救济计划而确立，随后也逐渐拓展到其他应用领域。以指纹等生物特征信息为核心的生物识别技术有助于确保"一人一票"原则的落实，在选民登记领域也已得到广泛应用。

2.2.2　人脸识别

得益于深度学习中的神经网络技术的发展，人脸识别算法的精确度在 2014 年前后超过人类肉眼识别水平，开启了商用落地的步伐。近年来人脸识别技术日臻成熟，应用赋能的场景也越来越多，基本可以分为金融、安防、政务和民用四类。

当前，人脸识别被广泛应用于金融领域的身份认证，方法包括活体识别、

---

①　2018 双十一成交额 2135 亿破纪录，六成交易通过指纹、刷脸支付完成［EB/OL］.（2018–11–12）［2023–06–08］. https://www.lanjinger.com/d/96171.

②　人脸识别 60 年｜印度：为 13 亿人建立生物识别数据库［EB/OL］.（2020–12–08）［2023–06–08］. https://m.thepaper.cn/newsDetail_forward_10312492.

"身份证＋人脸识别"以及人脸对比等。我国在金融领域相应的监管措施十分严格，对身份识别安全性的要求较高。为提高核验用户身份过程的安全性，国内多家银行已采用基于人脸识别、声纹识别和静脉识别等生物特征识别技术的综合解决方案，例如将人脸、指纹和静脉识别技术与自动取款机（automated teller machine，ATM）融合来为用户提供便捷的无卡取款服务。人脸识别技术的嵌入不仅缩短了用户在银行办理业务的时间，还能实现更高级别的安全保护。

安防领域是人脸识别应用的另一重要领域。我国公安系统的业务范围中有众多人脸识别场景，如：目前网吧、酒店等公共场所的登记确认均需通过身份证结合人脸识别来加以完成；公安系统可以通过摄像头采集的海量人脸数据进行人脸识别以确认在逃罪犯身份。目前各地方政府也与人脸识别厂商有不同程度的合作。近年来，深圳市南山区提出了基于人脸识别技术的智慧城市方案，该方案人脸识别技术和人工智能结合，统一整合社区安防、公安系统、监狱系统和交通系统，充分利用众多摄像头采集的海量数据，推动城市治理现代化。

军事领域也是人脸识别的重要应用领域之一。在 2022 年爆发的俄乌冲突中，法国军事训练和情报公司 Tactical Systems 通过人脸识别成功识别俄方一名车臣士兵的身份①。人脸识别技术在战争情报中的应用改变了以往主动、实地侦察的模式限制，使通过交叉对比社交网络和其他公共来源信息从而进行身份确认成为新的情报获取方式。

我国公共服务领域也有许多人脸识别应用场景，如人脸刷门禁、人脸考勤、用人脸识别对人员进行管理等，且应用范围不断扩大。2019 年年底疫情暴发以来，疫情防控对流动人员管理也提出了更高要求，推动了应用人脸识别进行流动人员身份确认的进程。健康码是疫情期间人们出行必需的通行证，而上海长宁区首先将健康码和人脸识别结合起来（刷脸即可确认健康状态），提高了疫情防控的效率。

在行业监管领域，人脸识别技术的使用也可以帮助实现监管关口前移和监管自动化。以升学考试为例，2017 年 6 月我国托福考试启用人脸识别系统

---

① 战争中的人脸识别：法国情报公司挖掘车臣士兵身份，乌克兰用来辨认战俘［EB/OL］.（2022–03–19）［2022–01–29］. https://www.thepaper.cn/newsDetail_forward_17188086.

确认考生身份。系统会记录考生开考前朗读相关规范的音频，并通过语音识别比对该录音与口语考试音频，精准打击作弊行为，维护考试纪律。

在民用领域，人脸识别应用也十分广泛，如手机刷脸解锁、刷脸支付等。2017 年 11 月苹果公司推出 iPhone X（FACE ID），首次在智能手机中嵌入人脸识别解锁功能。手机上火爆的美颜相机等 App 亦是通过人脸识别技术来进行美颜处理的。国内已有很多地铁站开通刷脸通行服务，也涌现了不少可以通过人脸识别进行支付的无人超市。如阿里巴巴集团旗下的天猫超市不仅支持刷脸支付，也可以通过人脸识别对用户进行精确画像和推销服务。随着人脸识别技术的成熟和成本的降低，其用在民用领域的应用也会越来越广泛。

然而，由于人脸识别法律法规和行业规范仍然不完善，加之产业发展的需求，当前出现了许多人脸识别滥用的情况。民众对于人脸识别技术亦有许多争议，许多国家或城市也都对人脸识别出台了禁令。目前美国共有多个城市通过了禁止使用人脸识别技术的法案，包括旧金山、萨默维尔、奥克兰、圣地亚哥、波士顿、波特兰等。因此，在人脸识别应用范围不断扩大的过程中，应用方和监管方都需要提高对技术风险的敏感度，提升技术应用的责任意识。

2.2.3　虹膜识别

就识别精确度而言，虹膜识别技术相较人脸识别和指纹识别更具优势。我国虹膜识别厂商技术成熟，能够提供完善的虹膜识别解决方案，技术可用性、技术标准、技术水平领先国外厂商，并借"一带一路"倡议的机会向沿线国家广泛输出技术及解决方案。虹膜识别技术已成为中国高科技输出的典范。

"虹膜识别＋人脸识别"的解决方案是目前应用的主流趋势。目前在高铁站，远距离虹膜采集设备可以在相隔 1~1.5 米距离处采集到用户高清晰度的双眼虹膜图像，并可配合身份证信息和人脸识别进行身份核验。我国公安系统正在推进虹膜建库，并利用虹膜识别进行刑侦破案。重要场景比如金库、重要资料库的安防，亦有对虹膜识别技术的应用。但受限于虹膜识别对技术要求较高以及采集设备价格较高、使用便利性较低等因素，虹膜识别尚未在民用领域大规模应用。

2.2.4　静脉识别

静脉识别是近年来的新兴技术领域，对比其他识别技术，静脉识别是一种真正的活体识别技术，这一应用不仅方便程度更高，而且其通过刷手录入信息的行为本身也更易于被大众接受。

虽然静脉识别技术本身具有不少的优势，但在应用上至今仍未广泛普及。其原因首先是技术本身对人体变化的识别存在难点，手背静脉仍可能随着年龄和生理的变化而发生变化，生物特征稳定性尚未得到证实，仍然存在无法成功注册登记的可能性；其次，静脉识别技术成本较高，受自身特点的限制，采集设备需要满足特殊要求，因此产品设计复杂，抬高了制造成本；最后，静脉识别的使用受温度影响较大，在极端寒冷情况下使用与精度都受到影响。目前该技术主要应用于政府部门、军方、银行等领域，并且往往要同其他识别技术一起使用。

2.2.5　声纹识别

声纹信息获取更为自然，采集更方便，采集设备成本低，但识别可靠性较差，因为声纹信息的不确定性更高，且存在各类因素改变声纹信息的可能。目前声纹识别应用场景较少，更多伴随识别、语音转文字过程提供附加功能，或作为为用户提供定制化服务的一种技术手段，通常在非敏感领域进行应用。

2.3　生物特征识别技术的公众使用

为了观察公众对生物特征识别技术的使用情况、认知和接受度，本研究团队开展了在线网络问卷调查。本次问卷调查历时6天（2021年2月28日至2021年3月5日），共回收有效问卷2068份，覆盖了全国34个省级行政区。问卷样本平均年龄为32.2岁，87.47%的受访者学历为大专及以上，党员占30.37%。调研问卷具有较强的代表性。具体情况如图3所示。

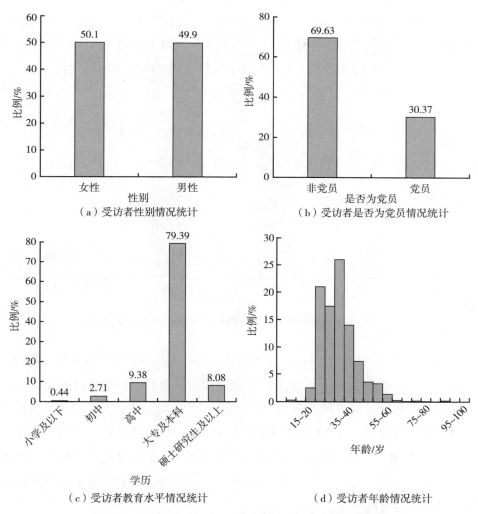

（a）受访者性别情况统计　　（b）受访者是否为党员情况统计

（c）受访者教育水平情况统计　　（d）受访者年龄情况统计

图3　受访者性别、年龄、是否为党员及教育水平情况统计

2.3.1　公众技术使用情况

针对生物特征识别技术，我们对用户手机应用软件中广泛存在的人脸识别和指纹识别的使用情况进行了调查，包括智能手机中带有人脸、指纹等生物特征识别功能的 App 数量，以及各类支付软件中使用人脸、指纹等生物特征识别技术进行身份确认及登录的行为。

第一，绝大多数受访者都在使用人脸识别技术。在人脸识别方面，我们通过问卷调查发现，有 89.17% 的受访者的智能手机中具有开设了人脸识别功能的 App，其中有 10.59% 的受访者拥有 5 个及以上开通了人脸识别功能的 App，26.02% 的受访者拥有 3~4 个开通了人脸识别功能的 App（图 4）。

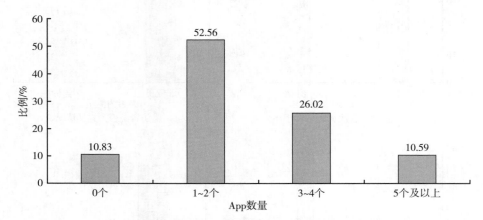

图 4　受访者手机中使用人脸识别的 App 数量情况统计

第二，对于不同类型 App，受访者对人脸识别功能的使用情况差异较大。其中，对于支付类 App，有 29.21% 的受访者表示会在微信中通过人脸识别的方式进行身份验证并支付，有 51.55% 的受访者会在支付宝中使用人脸识别进行身份认证及支付，而 29.16% 的受访者在银行类 App 中使用该技术（图 5 至图 7）。可以看到，不同 App 中受访者人脸识别功能使用情况差异较大，并且在个人资产管理和支付软件中使用人脸识别较为谨慎。用户群体表现出对技术安全性较为明显的顾虑。

第三，指纹识别技术的使用率也较高。我们调查发现，对于国内目前的两大主要移动支付 App——微信和支付宝，公众对其的指纹识别技术应用都接近过半。微信支付用户中有 47.68% 的受访者表示会通过指纹识别的方式进行身份验证并支付，支付宝支付用户中有 48.84% 的受访者会使用指纹识别进行身份认证及支付，在银行类 App 的使用中这一比例为 33.17%（图 5 至图 7）。结果表明，指纹识别的使用率整体上高于人脸识别，但同样地，银行 App 中指纹识别的低使用率也展现了受访者对生物特征识别技术安全性的顾虑。

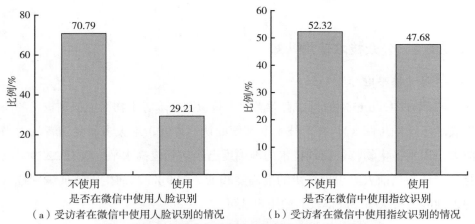

（a）受访者在微信中使用人脸识别的情况　　　　（b）受访者在微信中使用指纹识别的情况

图 5　受访者在微信中使用人脸识别和指纹识别的情况

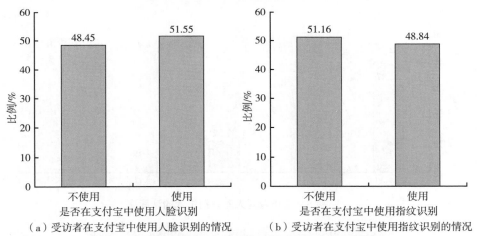

（a）受访者在支付宝中使用人脸识别的情况　　　　（b）受访者在支付宝中使用指纹识别的情况

图 6　受访者在支付宝中使用人脸识别和指纹识别的情况

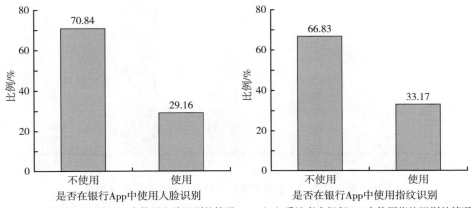

（a）受访者在银行App中使用人脸识别的情况　　　　（b）受访者在银行App中使用指纹识别的情况

图 7　受访者在银行 App 中使用人脸识别和指纹识别的情况

2.3.2 公众技术使用认知

1. 技术接受度

在调查中，6.13% 的受访者对当前人脸识别技术等生物特征识别技术的应用表示不认同（图 8）。在对技术准确度的认知方面，绝大多数受访者认为当前人脸识别等生物特征识别技术的准确度已经达到较高水平，仅有 22.29% 的受访者认为当前人脸识别技术的准确度较低（图 9）。当前生物特征识别技术的识别能力与水平已获得较高的用户认可。

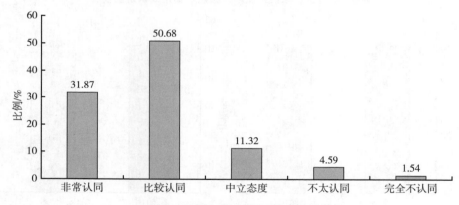

图 8　受访者对人脸识别技术的认同度

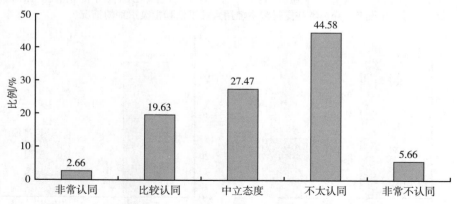

图 9　受访者对"当前生物特征识别准确度不高"的认同度

2. 技术、数据、伦理的风险认知

我们从技术、数据和伦理三个角度对生物特征识别技术存在的风险问题进行归纳。其中技术问题包括识别精准度、识别安全性与深度伪造；数据问题包括数据的过度收集和泄露；伦理问题包括技术滥用和技术可得性差异。问卷结果表明，公众对生物特征识别技术可能存在的不同风险的认知有所差异。公众对生物特征识别技术发展有较高的认可度，但对生物信息数据安全和技术伦理仍有顾虑。

在对技术准确度的认知方面，如前文所述，当前生物特征识别技术的识别能力与水平已获得较高的用户认可度。

然而，生物特征识别技术本身使用便捷的特性可能也会带来新的问题。46.91% 的受访者认为由于当前人脸识别等生物特征识别技术的使用过于便捷，可能会存在被"误刷"的风险（图 10）。如通过人脸识别可能会在非自愿或不知情情况下解锁手机。同时，随着深度伪造技术越来越发达，指纹、人脸乃至声音等生物特征均可以被不法分子伪造并用以盗取资产。有 57.69% 的受访者担心对这些生物信息的伪造可能会导致财产损失（图 11）。

生物信息的数据安全是当前公众关注的重要问题。问卷结果显示，公众对生物特征信息在数据收集和数据存储阶段的安全性都有一定的顾虑。58.27%的受访者认为自己经常在不知情的情况下被采集人脸、指纹等生物特征信息，隐私受到侵犯；仅有 19.39% 的受访者认为自己未曾在不知情的情况下被采集生物特征信息（图 12）。这意味着当前生物特征信息收集面临着较大的问题。

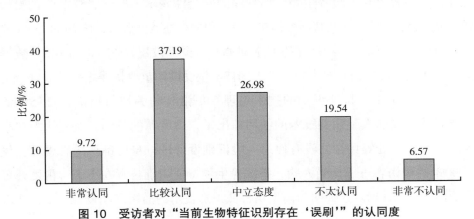

图 10　受访者对"当前生物特征识别存在'误刷'"的认同度

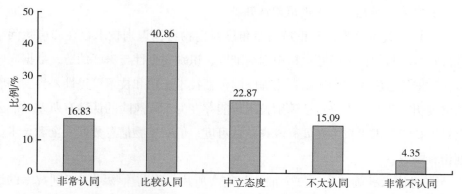

图 11　受访者对"不法分子伪造人脸、指纹等生物信息造成财产损失"的认同度

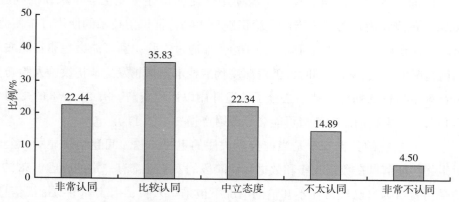

图 12　受访者对"经常在不知情状态下被收集生物特征信息"的认同度

　　此外,受访者也对人脸等生物数据存储的安全性表示了担忧。57.40%的受访者认为人脸、指纹等生物特征数据在存储过程中存在数据泄露、被盗等风险,仅有 22.00% 的受访者认为不存在生物特征数据泄露和被盗的风险(图 13)。数据安全正在成为影响公众对生物特征识别技术接受度的重要挑战之一。

　　公众对于生物特征识别的技术伦理有更强烈的关切与担忧。52.85% 的受访者认为当前人脸识别技术的使用超出了"适度"的范围,尤其认为在小区门禁、售楼处等场合并没有使用人脸识别设备进行身份确认的必要性,仅22.00% 的受访者可以接受人脸、指纹等生物特征识别技术在小区、售楼处等场所使用(图 14)。这说明当前生物特征识别技术的滥用问题较为严重,技术

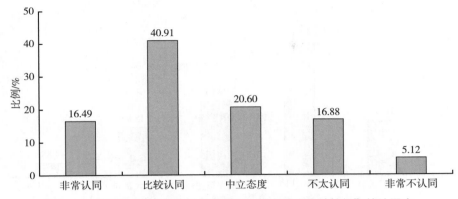

图 13　受访者对"被收集的生物特征信息存储安全性较低"的认同度

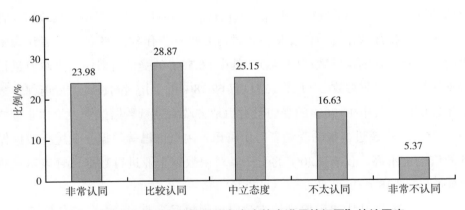

图 14　受访者对"生物特征信息存在技术滥用的问题"的认同度

应用的合适方式与限制范围亟待进一步研究。而对于人脸识别技术使用不平等的现象，57.69% 的受访者认为相比年轻人和城市地区，老年人及农村地区更少享受到人脸识别技术带来的便利，技术可得性在不同区域、不同年龄阶段中有较大差异，仅 19.44% 的受访者认为当前技术的可得性和算法的公平性在不同人群的覆盖上相对平等（图 15）。

3. 数据安全与信任度

我们还针对数据安全的公众认知进行了调查，发现公众对数据保管的不同政府机构与企业机构展现出"信任分层"的现象。

公众对由政府保管人脸识别等生物特征信息及数据具有较高的信任度，

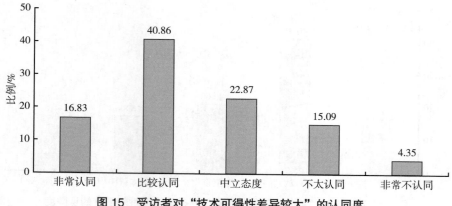

图15　受访者对"技术可得性差异较大"的认同度

整体超过对由数据企业进行数据保管的信任度。并且，公众对由中央政府保管人脸等生物特征数据的信任度整体超过地方政府。有84.47%的受访者认为中央政府具有较好的保管数据的能力，其中56.58%的受访者对由中央政府进行数据保管表示"非常放心"（图16）；有62.18%的受访者对由地方政府保管数据比较信任，其中18.76%的受访者对由地方政府进行数据保管表示"非常放心"（图17）；超过半数的受访者对由腾讯、阿里巴巴等数据企业进行数据保管的信任度不高，仅有7.30%的受访者对由数据企业进行数据保管表示"非常放心"（图18）。

　　整体来看，从中央政府到地方政府再到数据企业，民众的信任度逐步下降。这可以为未来进行生物特征识别数据管理的规划提供重要参考。

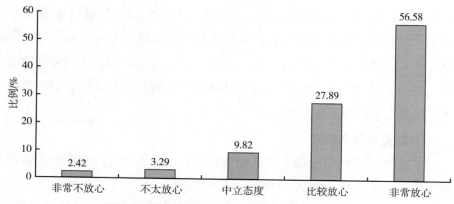

图16　受访者对由中央政府保管数据的信任度

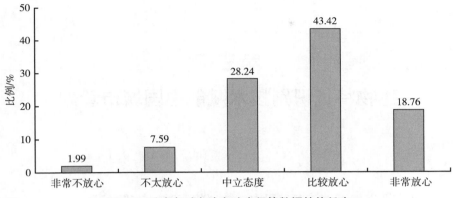

图 17　受访者对由地方政府保管数据的信任度

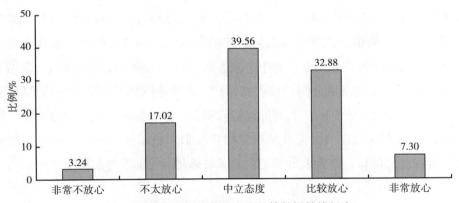

图 18　受访者对由数据企业保管数据的信任度

第三章

生物特征识别技术赋能中国城市管理

在城市管理数字化转型过程中，数据的实时、精准、精细、全面是优化城市管理手段的先决条件。生物特征识别技术依托人体与生俱来的生理特性和长年累月形成的行为特征，往往具有难以被伪造和替代的特点，因而为城市管理中对人员的精准识别以及人与服务的有效匹配提供了强有力的技术解决方案，也为城市数字化转型过程中解决需求多元、人群异质的公共服务提供了"数据底座"。本章系统介绍当前生物特征识别技术赋能城市管理的典型应用，具体包括城市公共安全防护、智能化行政服务、社会保障、城市交通大脑、医疗与公共卫生五大领域，尤其呈现生物特征识别技术在公民个体信息识别匹配、远程身份确认、重点人员标记、人流量感知等方面发挥的重要作用。

3.1 服务安防领域 提升公共安全

3.1.1 应用概述

以人脸识别为代表的生物特征识别技术在城市安防领域发挥着重要作用。特别是在逃犯追捕、人员布控、身份信息检索等领域，城市公共安全相关部门可利用生物特征识别技术进行快速的人员比对与确认——这一技术手段已成为安防决策的重要依据。具体应用包括以下几个方面。

第一，人员身份信息检索比对领域。在警员日常巡逻、火车站客运站等需要进行个人信息识别、监控等的场所，可通过由一线警务人员拍照取证，再将照片上传至公安统一认证的平台后端进行人脸识别后，确认人员的身份信息，从而对未携带身份证、驾驶证的驾驶人员和可疑人员快速进行身份确认。

第二，重点人员布控领域。对于在逃人员、违法犯罪嫌疑人、涉恐涉案涉毒人员、有重大犯罪前科人员、肇事肇祸精神障碍患者等重点人员，公安系统可通过数据库对接以及人员信息导入的方式，将这几类人群在人脸、指纹、虹膜数据库中进行重点标记，对街道、重点区域的人脸识别摄影机监测到的视频和照片数据进行检索，并同人脸数据库内高危人群信息进行比对，从而在最短时间内对重点人员进行布控，保证抓捕行为的时效性和准确性。

第三，敏感人员布控领域。对于来自特殊地区、特殊身份、特殊职业、非法上访人群等群体，公安部门可以通过与出入境卡口、敏感人员信息采集部门的数据对接，利用人脸、指纹识别系统对其进行身份信息确认、行为轨迹复盘等，提升智能化水平和办案效率。

生物识别技术在民用安防和官方安防方面有所差别。在民用安防领域，技术的主要应用以视频监控、楼宇对讲，以及利用人脸、指纹、虹膜、掌纹、声纹等识别进行解锁为主。不得不提及的是，生物特征数据采集的行业的技术准入门槛并不高，在民用安防的应用中，企业的数目众多，鱼龙混杂。当前许多终端或移动 App 都可通过技术轻松地获得个人指纹、面部或语音方面的特征信息。

在官方安防领域，公安部门及相应城市安防管理部门积极利用生物特征识别技术，在城市的人员密集场所进行布控，保障城市的治安稳定。随着国内平安城市、智慧城市项目的深入发展，城市内利用高清摄像进行监控的技术手段得到广泛普及。"雪亮工程"是由公安部和政法委发起的公共安全视频监控系统建设项目。通过推动重点公共区域、重点行业、重点领域的视频监控全覆盖，"雪亮工程"整合各类视频图像资源并将公共安全视频监控联网，从而达成"全域覆盖、全网共享、全时可用、全程可控"的目标[①]。此外，以征信系统和司法机构的指纹数据库同样是指纹识别技术被广泛应用的领域。如基于刑侦现勘的业务流程进行设计的易拍 App 指纹比对系统可以协助警方通过现场指纹拍照对比，在 1 分钟内反馈指纹结果，极大地提升了身份检索与案件侦办效率。

---

① 周铭耀. "雪亮"工程之人脸识别应用［J］. 智能建筑与智慧城市，2019（12）：49–50.

3.1.2 典型案例

1. 技术应用典型案例

2019 年福建省发生一起利用尸体进行人脸识别从而进行钱财交易的案件。犯罪嫌疑人张某在同女友发生口角后将之勒毙，并用女友手机在一款小额银行贷款 App 上进行注册，希望能盗用她的身份在网络上申请小额贷款。在进行身份认证的步骤操作时，犯罪嫌疑人将被害人的尸体扶起，对着手机摄像头进行人脸识别，但是因为未能达成系统提示的眨眼这一"活体识别"环节，随即作罢。在 App 审核端的工作人员及时发现这一异常情况，发现人脸识别系统里的贷款申请人在照片以及活体识别视频中双眼失焦，颈部有明显勒痕，面部有青紫色瘀血。对比其他认证方式后工作人员发现，语音验证的声音为男性，同申请人信息不符，申请人疑似被害。工作人员见状后立即报警。警方迅速根据 App 工作人员提供的被害人信息锁定周围可疑人员情况，及时出警，在犯罪嫌疑人张某掩埋尸体的途中及时赶到，最终将犯罪嫌疑人抓获[①]。

在深度学习和大数据的技术支持下，以人脸识别为主要代表的生物特征识别技术能够利用采集前端信息的传感器或摄像头，采集含有人体生物特征的图像或视频流，实施人脸检测定位、活体检测、对比验证图像的抓取、存储，并自动在图像中进行检测和跟踪，进而对检测到的人脸进行识别。这一储存和追踪的特性，能够积极在实际应用中帮助用户从视频屏幕中提取有用的信息，使监控系统的作用不仅限于单纯地进行记录，而是能够进一步对视频进行分析。上述案例就是这一技术助力数据分析和证据留痕的典型代表。

2. 地方实践典型案例

2017 年 10 月 27 日，江苏省苏州市火车站进站口的人脸识别系统比对出一名涉嫌抢劫的逃犯，后台警方通过视频接力的方式，在发现嫌犯活动轨迹后立即将相关信息发送至最近的执勤民警处，民警在掌握情况后第一时间实施抓

---

① 男子杀害女友 用其尸体"人脸识别"网贷［EB/OL］.（2019–08–19）［2023–10–08］. https://news. sina.cn/sh/2019–08–19/detail–ihytcitn0318478.d.html.

捕。这一实践经历成为苏州市智慧警务系统成功抓获逃犯的典型案例[①]。

苏州市在公安部"数据警务、智慧警务"的整体部署和江苏省公安厅智慧警务建设总体要求下，成立苏警创客中心，最终形成"六星科技·纵横警务"的苏州市智慧警务主体架构。在公安部门最广泛应用的追踪、分析和排查领域，苏州市公安局数据平台接入了全市各级视频监控13万路、动态人像卡口2000余套[②]；同时为每个执勤民警配备了可第一时间收到反馈信息的执法记录仪，并在所有警车安装了具有识别功能的摄像头，从而多方位、多角度地进行数据信息的收集工作。苏州借助自主开发的AI赋能平台对收集来的人脸、指纹、视频、音频、图像和文档等数据进行精准分析建模，构筑公安系统"天网"，精准抓捕在逃人群，保证城市公共安全。

基层民警的日常工作的开展大多基于对于"人、车、物"的追踪、分析和调查，生物特征识别技术的广泛应用为苏州市基层民警的工作提供了极大的帮助。当前，用于处理车辆信息和物品信息的刑侦技术与手段已较为成熟，例如车辆轨迹分析、物品识别和痕迹分析等。但在公安机关内部，对能够精准识别比对人员面部特征、服装特征、身高步态特征、表情特征和伪装等的技术手段，仍存在着强烈而广泛的需求，而这些信息都属于苏州市公安机关人脸识别技术综合平台分析的范畴。在"六星科技·纵横警务"的苏州智慧警务主体架构下，生物特征识别技术能够在公共安防的事前、事中、事后的预警与核查的全阶段，全程为公安部门提供有效的数据作为决策依据。在事发之前，以人体图像识别技术为核心的应用系统会对辖区内的重点区域和相关人员进行实时监控，当敏感行为或人员出现异常时，系统通过自动报警提示现场警方进行处理；事件发生时，生物特征识别应用系统通过前台和后台联动，进行身份信息的实时比对，以方便现场民警实时处理，避免事态扩大；事发后，应用系统将"标记"库和"公民"库进行链接，并对事发后采集的照片进行比对，在发现线索、核实身份等方面大大缩短了处理时间，有效地解决了公安实战中的诸多问题。

① 厉害了！苏州火车站"人脸识别"成功抓获逃犯，落网后他说……［EB/OL］.（2017-11-01）［2023-10-08］. https://www.sohu.com/a/201805158_186825.

② 苏州"智慧警务"建设：触摸未来警务现实模样［EB/OL］.（2021-12-30）［2023-10-08］. https://www.sohu.com/a/513107814_120099902.

3.2　推动智能化服务　提高行政效率

3.2.1　应用概述

在智能化服务领域，生物特征识别技术作为诸多智慧城市管理功能端口进行操作的第一步，在信息采集、感知和识别等领域发挥作用，极大地提高了行政效率，为城市精细化服务做出了贡献。

在文化旅游领域，公园景区检票口利用人脸识别技术匹配市民的购票及优惠信息，以提高高峰期景区游客入园的服务效率。在金融服务领域，生物特征识别则被用于金融行为的人员确认和信息匹配。在行业监管领域，众多城市范围内的人员等级测试考试以生物特征识别库为基础，凭借人脸识别、指纹识别、声纹识别等技术手段进行人员身份的核验，杜绝替考行为，为考试的公平、公正、严谨提供保障。

此外社区管理机构可利用人脸或指纹信息采集等手段，远程对老年人、残疾人、精神病患者以及扶贫对象等重点人群的个人身份进行识别；也可通过类似的生物特征识别技术，对志愿者、退休金顾问、上门服务人员、社区医生等服务人员进行身份认证。除了人脸识别和指纹对比，特定的声纹检测和识别也在智能化服务中提供了重要作用。例如，公共区域的呼救信息，可以通过报警柱声纹信息的识别和传递，快速传递到相关部门。此类人脸、指纹、声纹识别技术在居家养老、社会照护等领域的积极应用，为社区护理和家庭护理的施行提供了更高质量和可靠的技术支持。

3.2.2　典型案例

1. 技术应用典型案例

2020 年，广东省梅州市某机动车驾驶人科目二考场上，考场监考系统显示，一考生无法通过考试车的车载人脸识别系统的识别。监考人员随即对其身份证、报名照片和现场人脸进行比对，并在进一步的人脸识别测验后发现这名考生不是报名者本人。该考生最终承认自己是替自己的双胞胎弟弟进行考试，不料被车载人脸识别系统识破[①]。

2021 年 2 月 15 日，家住湖北省武汉市武昌区紫阳公园附近的刘婆婆焦急地找到公园保安，称自己 2 岁多的孙女在园内走失。正当家长和保安紧急寻找时，监控室的报警器响了，原来，有游客在公园桃花岛附近发现了一个哭泣的小女孩，于是按下了路边灯杆上的报警按钮。监控室工作人员随即让游客抱起孩子，对着报警器上的视频探头，让家长进行辨认。小女孩正是刘婆婆走失的孙女。执勤人员将孩子带回交给刘婆婆，一起走失事件得以圆满解决[②]。

人脸识别、声纹识别这类生物识别特征技术在智能化服务领域的应用，大大提高了行政服务的效率和准确性。一方面，从准确性角度来看，传统行政业务对人身份的核验主要依托工作人员的目测和工作经验，以人工审查的方式确认当事人面貌是否与身份证、户口簿及其他身份认证信息相符合。但肉眼通常难以分辨双胞胎这类长相相似或是由于整容、减肥等导致容貌改变较大的情况。随着深度学习神经网络和大数据技术的应用，当前的生物特征识别技术已经可以比较好地解决年龄老化、化妆和轻度整容等问题，大大提高了身份认证的准确性。另一方面，从提升效率的角度来看，数据的实时传输与交互可以大大缩短验证程序所需的时间，对于需确认的身份信息可以跨部门、跨平台快速交换、确认，由此也省去了验证身份所需的烦琐的行政流程，提高了行政效率。

2. 地方实践典型案例

河北省雄安新区在 2018 年正式启动生物识别技术计划以辅助雄安新区规划建设。生物识别技术作为雄安新区建设的基础规划之一，涉及人脸识别、虹膜识别、声纹识别等多种识别技术，覆盖安防监控、出入控制、智能支付、新零售等多个应用场景。雄安新区超前布局智能基础设施，建立人脸识别、声纹识别等技术的"1+2+N"账号体系，利用遍布园区的 2 万多个传感器，全维

① 双胞胎替考科目二 不料被车载人脸识别系统识破［EB/OL］．（2020–11–02）［2023–10–08］. https://finance.sina.com.cn/tech/2020–11–02/doc–iiznezxr9452098.shtml.

② 春节期间 新紫阳公园人脸识别系统大显神通 智慧城管助 34 名挤丢幼童找到妈［EB/OL］．（2021– 02–21）［2023–10–08］. https://baijiahao.baidu.com/s?id=1692266129993667540&wfr=spider&for=pc.

度覆盖新区的政务、商业、住宿、餐饮等业态 [1][2]。

2018 年雄安新区建设正式从规划阶段走向执行实施阶段。在智能基础设施建设方面，雄安新区以技术赋能基础设施为抓手，在社区出入管理领域，通过在小区大门、楼栋门、入户门部署人脸识别闸机系统、门禁系统及智能虹膜锁，对住户自动进行秒速识别和身份确认，解决了小区门禁卡易复制、住户随身携带卡片出入不便等物业管理经常面临的问题。为加强对小区的安全管理，让住户生活更加智慧、便捷，雄安新区安装了智能电梯梯控系统。电梯梯控系统直接对接业主生物特征信息，业主不需要用卡或钥匙，电梯内识别系统会通过业主个人生物特征信息自动对应业主楼层；电梯梯控系统还可以通过社区监控云平台，自动识别外来人员，实时检测和预警非法入侵，有效杜绝陌生人员随意出入小区。在疫情的特殊情况下，雄安新区利用多模态智能识别综合防疫平台，通过人脸识别、虹膜识别等多项生物识别技术，结合热成像测温技术，实现对未戴口罩、高温人员的非接触识别、预警及追踪，对无接触人员进行信息识别与管控，为疫情信息收集及防控贡献了力量。

3.3　加强社保管理　提高覆盖精准度

3.3.1　应用概述

在人口管理的应用场景下，人脸、指纹、指静脉三种识别技术的应用最为广泛。生物特征识别基于人体唯一的生物特征来进行身份认证，具有唯一、稳定、可靠等特点，因此能够有效解决当前社会保险经办中身份认证困难的问题。特别是在待遇资格认证困难、养老金冒领等突出问题的解决上，生物识别技术能满足当前对实名认证、资格认证等方面的需求，做到对参保人员的精准识别，从而在以社保金领取为代表的社会保障精准覆盖过程中发挥了积极作用。

---

① 雄安新区一周年，眼神科技智慧城市试点落地［EB/OL］.（2018–04–09）［2023–10–08］. http://www.dong-zhi.com/Detail.aspx?id=461.

② 从"市民服务中心"探"未来之城雄安"［EB/OL］.（2019–11–01）［2023–10–08］. http://www.xiongan.gov.cn/2019–11/01/c_1210337158.htm.

3.3.2　典型案例

2017 年 11 月，浙江省丽水市景宁畲族自治县人力资源和社会保障局创新服务模式，充分发挥"互联网＋"人社数据资源，提升服务能力，率先通过使用人脸识别技术实现社保待遇资格认证服务，并获 2017 年度中国"互联网＋"民生类十大优秀案例。"刷脸认证"系统依托微信平台，将人脸识别技术与社保数据库高效衔接，以随机验证码的唇语活体检测为核心，通过在数据库（社会保障卡系统照片库）中查找检索特定人员的身份，精准判断参保人身份，实现社保待遇资格认证等功能。系统支持自助认证、亲友协助认证、申请上门认证等服务。该方式解决了传统社会保险待遇资格认证存在的一些问题。传统的资格认证方式为认证对象每年携带相关资料到社保经办机构进行资格认证，受认证工作时间、地点、身体状况等因素影响，群众异地来回奔波，工作人员凭肉眼核验认证难度高，工作强度大，甚至会出现冒领养老金的现象。"刷脸认证"可以免去社保领取待遇老年人到社保经办服务窗口跑的麻烦，防止冒领事件的发生，保障社保基金的安全，为广大待遇领取人员提供即时、精准的认证服务[1][2]。

在全国，多地政府均采取了生物特征识别技术助力养老保险资格认证，老人可在家完成相应的人脸核验和资料更新，在提升服务的同时有效遏制了冒领养老金的欺诈行为，既能追回误发、多发的养老资金，又保障了养老金发放的资金安全。

2017 年，云南省昆明市盘龙区在社保领域率先开展生物识别系统试点，将之用于"城乡居民基本养老保险"业务。为确保工作顺利推进，盘龙区成立了城乡居民基本养老保险生物特征识别系统运用工作领导小组，组织该领导小组编制了系统操作手册，并在全区 12 个街道同步启动信息采集工作。通过人脸、指纹、手指静脉三种识别技术，当地政府收集了参加居民基本养老保险人员的生物特征信息，在满足当前实名认证、资格认证、身份认证的需求后，辖区内

---

[1]　景宁县人社局待遇领取资格人脸识别认证［EB/OL］．（2018–03–19）［2024–04–20］．http://society.people.com.cn/n1/2018/0319/c416176–29876228.html.

[2]　景宁社保待遇领取资格"刷脸认证"获 2017 年度中国"互联网＋"民生类十大优秀案例［EB/OL］．（2018–04–16）［2024–04–20］．https://www.jingning.gov.cn/art/2018/4/16/art_1382303_17368956.html.

需要领取社保福利的人员无须携带任何证件即可办理相关业务。此外，政府通过生物特征信息的持续更新，实现了对社保领取人员的持续追踪和准确识别。不仅是在城乡居民基本养老保险领域，生物识别系统也将逐步被应用于城镇职工基本医疗保险、城镇职工养老保险、工伤保险等相关业务。在长远规划下，云南省生物识别系统应用平台将以人类和社会业务数据为基础，建设统一的生物识别数据库，为各级业务经办部门提供身份认证服务，实现信息的终身、多用途、常追踪使用。

3.4 服务城市大脑 强化交通治理

3.4.1 应用概述

生物识别特征技术在交通治理领域的应用体现为监管处罚和系统优化。一方面，生物特征识别技术在城市交通治理领域的应用主要通过人脸识别和视频图像识别的结合技术，取证车辆违法信息并确认违法者身份，从而开展违法行为的非现场执法治理行动；另一方面，生物特征识别技术也被广泛应用于城市大脑行人流量感知和交通信号系统控制的应用当中，助力解决城市交通拥堵顽疾。此外，在城市道路停车治理领域，此类基础技术手段也被积极应用，用于解决城市道路停车广泛存在的收费难、欠费追缴难、违停执法难的问题。

3.4.2 典型案例

2020年7月23日，浙江省杭州市西湖大道安定路口处，一辆红色本田车由于路口绿灯时前面车子迟迟未启动，长按喇叭进行催促。根据规定，杭州市内绕城高速公路（不含）合围的市区所有城市道路内不允许鸣笛。这一喇叭短鸣及时被杭州市"声呐警察"抓拍到。执勤交警随即将违法鸣号车拦截。根据相关法律规定，司机史女士将依法被处100元罚款，记3分。交警向史女士解释之后，史女士再三表示不会再乱按喇叭。最终，交警对她进行了警告，没有扣分和罚款。

杭州市交警所使用的"声呐警察"电子抓拍系统可以利用声呐及高清摄

像头捕捉并抓拍乱鸣笛车辆，将违法瞬间的视频、照片录下来，同步上传到违法鸣笛抓拍管理平台，对违法鸣笛车辆进行精准查控。路口黄色的电子抓拍显示屏上，将滚动显示违法鸣笛车辆的车牌信息[①]。

在杭州市城市大脑的综合建设过程中，生物特征识别技术在城市停车位的综合管理中发挥了重要作用。首先，在泊位管理可视化领域，城市管控系统通过实时抓拍上传车主信息及车辆泊位全景图，并利用人脸大数据在城市大脑后台对城区泊位的综合利用情况进行分析和应用，可以在停车需求较高的区域进行提前预警和流量疏导，从而缓解拥堵路段的交通压力。其次，在执法取证自动化领域，对于车辆剐蹭、盗、抢等现象，管理部门通过市民信息在生物特征数据库中的信息完成追溯责任，从而预警并定位车辆停放位置。再次，在收费方式无人化领域，泊位管控系统积极对接人脸支付金融平台，车主可以在手机 App 上进行支付，停车收费效率得到极大提高。最后，在欠费追缴法制化领域，通过系统自动调用未缴费证据，相关部门可以及时定位未缴费人员并追缴费用。特别是在解决欠费追缴等争议领域，视频记录和人脸身份识别可以为停车收费争议提供调解依据。综合来看，杭州市积极在交通态势分析、停车需求分析、收费分析等交通治理场景推进生物特征识别技术的应用，较好地解决了传统城市停车的痛点难点，并显著提升了交通泊车效率。

3.5　服务公共卫生　助力精准抗疫

3.5.1　应用概述

生物特征识别技术因在身份识别过程中的精准性和便捷性，在抗击新冠疫情中发挥了重要作用，主要包括两方面：一是通过结合智能测温、健康码验证等需求模块，各类以生物特征识别技术为核心的智能出入管理系统，通过非接触式的识别方式（以虹膜、人脸识别等可以实现远距离精准识别的生物特征识别技术为主）在疫情期间实现安全高效的身份识别以及流动人员的

---

① 多种"声呐警察"上岗！民意观察团为机动车违法鸣号治理提建议［EB/OL］.（2020–07–24）［2023–10–08］. https://baijiahao.baidu.com/s?id=1673087295993158416&wfr=spider&for=p.

信息验证与信息记录；二是生物特征识别技术尤其是人脸识别技术在公共场所中的使用，可以以非接触式的方式大规模、高效地实现自动测温及体温异常警报。

3.5.2 典型案例

2022 年 3 月，为助力疫情精准防控、保障社会秩序，商汤科技响应疫情防控紧急需求，推出整合"佩戴口罩识别＋人体测温＋健康码识别＋疫苗接种信息查询＋核酸信息查询＋电子证照查询"的"六合一"数字哨兵便捷通行系统，通过一次认证，实现多接口快速验证、快速通行的效果，解决了弱势群体面临的"数字鸿沟"，以及传统人工方式低效、不便利、字迹潦草或无记录等问题。该通行系统已被部署至上海市长宁区多处市民访问量较大的公共活动场所出入口，如图书馆、文化艺术中心、少年儿童图书馆、中共中央上海局机关旧址、革命文物陈列馆等，以及各类社区活动中心、市民中心、养老院、街道综治中心、婚姻登记处等地，助力疫情防控信息的快速验证，并省去市民查找检测报告的复杂操作[①]。

生物特征识别在疫情防控中发挥作用，首先依赖技术的精准性和高效性。疫情的暴发促使人脸识别技术克服大面积面部遮挡识别的难题，实现了对佩戴口罩人群的身份识别，使其进一步服务抗疫过程中大规模、高频次的身份认证需求。其次，助力抗疫过程中生物特征识别技术发挥的限度有赖于与抗疫需求的精准对接。疫情覆盖的面积、疫情发展的阶段、疫情趋势的研判、城市规模和人口特征等都对流动人口的防控措施有着不同要求，也对防疫技术的应用提出了差异化的具体要求。例如在病毒传播速度变快、确诊病例不断攀升的阶段，防疫措施从严从紧，相应地，生物特征识别技术也会进一步升级，搭载红外测温、核酸信息查询、疫苗接种信息查询等功能，以更精准地识别重点人群。

---

① 商汤科技驰援上海等多地疫情防控，共同筑起抗"疫"防线［EB/OL］.（2022–04–24）［2023–10–08］. https://baijiahao.baidu.com/s?id=1730957030377625810&wfr=spider&for=pc.

第四章

城市管理应用中面临的技术风险与治理逻辑

　　2020 年 10 月，习近平总书记在中共中央政治局第九次集体学习时强调，"要加强人工智能发展的潜在风险研判和防范，维护人民利益和国家安全，确保人工智能安全、可靠、可控"，要"加强人工智能相关法律、伦理、社会问题研究"。2022 年 3 月，中共中央办公厅和国务院办公厅印发《关于加强科技伦理治理的意见》，强调"坚持促进创新与防范风险相统一、制度规范与自我约束相结合，强化底线思维和风险意识，建立完善符合我国国情、与国际接轨的科技伦理制度，塑造科技向善的文化理念和保障机制"。生物特征识别技术已被广泛运用到各类城市管理场景之中，但应用过程中也凸显了诸多风险与伦理问题。例如深度伪造造成信息泄露和财产损失，对社会整体信任造成挑战；海量数据收集、存储、叠加增加公民隐私泄露风险；不同群体对技术的可得性差异导致数据失真，降低数据分析和预测的准确性；政府在技术应用中的责任分配与风险处置影响公民政治信任等。本章分析了生物特征识别技术在城市管理应用过程中可能产生的风险和伦理冲击，以期预判和避免技术应用中存在的潜在大规模社会风险。

4.1　技术系统自身的风险

4.1.1　技术识别精准度

　　生物特征识别技术的安全性建立在对于指纹、声纹、人脸等生物信息的准确扫描与精准比对的基础上。目前，生物特征识别技术准确度总体较高，但各种生物特征识别技术发展情况也不尽相同。例如指纹识别技术相对成熟，识别准确率较高且使用场景最为丰富；声纹识别在指定文本情境下的识别精准度可以达到99.8%，在文本无关的情境下精准度也可达99.1%[①]；在2018年由美国国家标准与技术研究院举办的FRVT竞赛中，全球人脸识别算法的最高水平漏报率低于0.4%，这意味着算法识别准确率超过99%[②]，超过肉眼观测的准确水平。然而，在实际应用场景中，各类识别技术失效的情况常常发生。如指纹受手指本身状态和环境状态的影响，在湿手、油手或低温、强光等不同场景下识别的准确度存在差异；声纹识别在跨信道识别、音频噪声及多人场景等情况下，精准度可能会下降，个人年龄和健康状况导致的声音变化也会影响识别准确度。下文以人脸识别技术为例，探讨影响生物特征技术识别精准度的主要原因。

整体来看，人脸识别的精准度主要受限于三个因素：源图像的质量和保存时间，采集图像的质量和数量，以及不同侧重点的识别算法。

源图像的质量和保存时间对人脸识别的精准度至关重要。首先，保障人脸识别准确度的一个前提是较高的图片质量[③]。更高的图片质量能够令人脸识别算法更精准地根据图片提取人脸特征，从而更好地进行算法训练。其次，数据库的体量也会影响人脸识别准确度。更大的数据库可以更充分地进行算法训练，从而产生更准确的结果。最后，研究还发现，数据库中图片的时间也会影响识别精准度。数据库中源图片拍摄时间与捕获人脸图像的时间差越大，识别准确度会越低[④]。因此，持续维护并更新人脸数据库对提升人脸识别准确率具有重要意义。

采集图像的质量也会影响人脸特征的提取和比对。人脸识别在认证时，由于被识别者被要求正视镜头，采集的图片质量通常较高。但在某些情况下，由于图像采集以远距离拍摄为主，镜头内采集的人脸图像数据量较大，且人群

① 声音会被模仿，声纹还可靠吗［EB/OL］．（2019–12–02）［2023–10–08］．http://www.xinhuanet.com/politics/2019–12/02/c_1125295745.htm.

② 全球人脸识别算法测试最新结果公布：中国算法包揽前五［EB/OL］．（2018–11–19）［2023–10–08］．https://www.thepaper.cn/newsDetail_forward_2650684.

③ INTRONA L, NISSENBAUM H. Facial recognition technology：a survey of policy and implementation issues［EB/OL］．［2023–10–08］．https://eprints.lancs.ac.uk/id/eprint/49012/1/Document.pdf.

④ GROSS R, SHI J, COHN J. Quo vadis face recognition?［EB/OL］．［2023–10–08］．https://www.face–rec.org/interesting–papers/General/gross_ralph_2001_4.pdf.

姿态各异，光线条件在不同时间和各类场所下差异极大，获取高质量的捕获图像难度骤增。考虑到人群中面部会有各类遮挡物，如疫情期间佩戴口罩以及冬季佩戴围巾、帽子等，这会进一步增加识别的难度。尽管当前已实现戴口罩人脸识别的技术突破，但如何破除各类面部遮挡抓取信息，仍然是当前人脸识别技术提升识别准确度的一个重点。

另一个影响人脸识别准确度实现的重要因素是不同侧重点的算法。不同数量、不同群体分布的数据库会训练出能力不同的人脸识别算法模型，从而导致不同算法处理同一份被采集的人脸识别图片的能力和侧重点会有差异。举例来说，人脸识别常被认为其识别精准度在不同群体间存在差异，如对黑人女性的识别准确率较低，从而被认为涉及种族、性别等歧视问题。但这种识别准确度的群体性差异很大程度上是由于数据源分类不平衡，如黑人女性数据体量较少。同时，正因用作算法训练的数据之差异性，部分算法更擅长处理尺寸较小的图片和远距离拍摄图片，部分算法则更擅长处理不同光线和不同姿态的图片，还有部分算法擅长处理墨镜、不同发型等面部被遮挡情况下的人脸图像。

综上所述，当前人脸识别技术的精准度仍然受制于技术实现的过程，不仅取决于源图像和采集图像的数量和质量，也受限于算法的能力和偏重。生物特征识别技术整体上面临着类似的困境：尽管在实验室中的识别准确度很高，但考虑到生物体的指纹、声音及面部状态，与城市管理各类场景和环境状态（如暗光、低温、大风等），仍需在技术上仍需进一步探索以提升识别精准度，以满足城市多场景下非标准化的生物特征识别需求。

4.1.2　技术使用安全性

生物特征识别技术之所以能够被大规模推广和应用：一方面是由于个人的生物特征和信息具有唯一性，和传统身份识别方式（如密码、签名）相比，更难被篡改和伪造；另一方面是因为便捷性能够满足社会高效运转的要求。和传统身份识别方式相比，指纹识别、掌纹识别乃至声纹识别可以更快速、高效地进行身份确认，无需额外的身份证明材料即能满足日常性的身份认证需求。人脸识别则可以远距离、多对象地快速进行身份确认，身份认证效率进一步提升。

然而，这种便捷性的提升也引发了公众对生物特征识别技术安全性下降的担忧。指纹识别和人脸识别虽然便捷，却也极易因"误刷"而在非自主自愿的情况下进行身份确认，进而导致财产的损失或隐私的泄露。例如手机的指纹解锁可能在手指误触的情况下使手机开机解锁，从而使财产被盗或信息泄露；当前手机内置的人脸识别解锁也会因为"误看"而识别人脸和虹膜后使手机自动解锁。

此外，对生物特征识别技术的有意造假和故意攻击会进一步降低技术安全性。以指纹识别为例，尽管指纹识别便捷又相对隐秘，但指纹痕迹容易留存、被复制，且造假成本很低；许多指纹解锁设备上未配备活体检测模块，导致设备无法判定指纹是否来自真实人体，进一步加大了伪造指纹通过认证的风险。此外，指纹识别的便捷性和安全性在某种意义上呈反比。指纹传感器对能够通过验证的指纹状态要求极高。指纹受压变形、手指有油污或灰尘、手指皮肤含水、手指起皱或脱皮都会影响识别的通过率。但市面上部分指纹识别设备为了提升认证的"便捷性"，会人为地降低对指纹认证通过的要求，从而导致指纹识别的安全性降低。同时，指纹识别技术也遇到了人工智能算法的挑战。当前，已有人工智能算法能通过海量指纹数据的输入，"学习"大量的指纹结构特征和形态，生成仿真度极高的伪造指纹。

同样的技术安全性问题也存在于人脸识别技术中。清华大学某团队曾利用人脸识别的算法漏洞，通过算法在眼部区域生成干扰图案，打印图案并裁剪放置于眼部，顺利在15分钟内解锁了19个完全陌生的智能安卓手机[①]。这一攻击原理展现了人工智能安全领域的一大隐忧：机器学习的图像识别虽然精准度不断提升，但也非常容易遭受"欺骗"。只需在源数据上进行细微调整，就可以使机器学习的算法模型做出完全错误的判断。此外，如果黑客利用开源软件恶意窃取信息，人脸识别的安全性便更加难以保证。对抗样本攻击技术的进步使得黑客攻击成功率大大增加。黑客只需要拿到被攻击对象的一张照片就可以破解人脸识别系统——算法会自动匹配攻击者图像和被攻击者图像，保证两张图像达到最大的相似值从而实现破解。

当前，市面上许多生物特征识别设备的质量参差不齐，使得伪造的生物

① 人脸识别再曝安全漏洞，15分钟解锁19款安卓手机，只需打印机、A4纸和眼镜框即可［EB/OL］．（2021-01-28）［2023-10-08］．https://www.thepaper.cn/newsDetail_forward_10965844.

特征（如指纹、人脸等）都可以顺利通过设备的身份认证。如前文所说，生物特征识别技术尤其是指纹识别和人脸识别的便捷性推动了这些技术在城市管理各类场景中的推广和应用，但技术的大规模使用也进一步扩大了这些潜在社会性风险暴发后波及的范围，这进一步增加了技术风险研判的必要性。

4.1.3　技术的深度伪造

当前，借由深度伪造（deepfakes）技术制作的各类视频逐渐在互联网上兴起和传播。深度伪造技术融合了深度学习（deep learning）和伪造（fakes）技术，是一种利用深度学习算法和人脸识别技术创造高度逼真的伪造图像和视频的技术。得益于生成对抗网络（generative adversarial networks，GAN）的出现和发展，深度伪造技术目前可以利用人脸识别算法训练 GAN 并模仿人脸图像中的五官特征，仅需一张照片就可以成功进行视频合成，并能自动调节换脸后的亮度、对比度和边缘处的差异，从而达到肉眼难以辨别的效果。

深度伪造技术主要有三种应用场景。第一种场景是通过深度伪造技术创造虚拟人物，创建现实生活中并不存在的人脸图像，从而应用在虚拟场景中的影像化呈现中，如创造虚拟主播播报新闻、天气等内容，或在医院、行政服务等场景中通过人性化问诊或问询机器人的塑造提升服务效率，改善服务质量。第二种场景是将该技术应用于换脸软件。用户仅需上传一张人脸照片即可实现整段视频的人脸替换。第三则是通过深度伪造技术进行整段视频的伪造，例如可通过操纵人脸肌肉、重塑嘴型和表情并配音，以伪造某人发表从未说过的言论的视频。美国网友曾利用技术编造了奥巴马、特朗普、扎克伯格等政治和商业人物的虚假视频，达到了肉眼难以辨真伪的程度。

因此，深度伪造技术尽管可以创造出超越现实的个性化体验，但也进一步加强了互联网的"虚拟"属性。"眼见不一定为实"的深度伪造技术冲击了互联网的信息真实性。深度伪造技术通过虚假视频的制作，结合互联网和社交媒体的大规模快速传播，加剧了错误信息和谣言的传播。海量的人脸数据库可以轻易地为合成媒体技术提供大规模的必要素材。利用深度伪造技术制作的虚假视频轻则可能对个人名誉权造成侵害，重则甚至影响政治局势和国家安全。因此，深度伪造技术产生的伦理问题与潜在风险不容忽视。

第一，深度伪造技术威胁个人财产安全和公共治安。当前，以人脸识别为代表的生物特征识别技术已深入安防、金融及交通等各个领域。一旦人脸信息这一独一无二的生物特征被犯罪分子利用深度伪造技术进行仿造，将会严重威胁个人财产安全和公共治安。2019年12月，美国硅谷一家科技公司Kneron宣称成功利用深度伪造技术骗过微信、支付宝的人脸识别系统，并突破人脸识别闸机成功进入火车站[①]。当前短视频平台上还存在着利用简单的合成技术捏造明星、企业家等知名人士的虚假视频骗取互联网用户的金钱的现象，并已形成了造假变现的完整产业链。深度伪造技术通过轻易地"借用"他人面部或身份，使其"言所未言""行所未行"。在信息飞速传播、打假和辟谣成本极高的信息时代，深度伪造技术将会成为个人污蔑、网络诈骗等新的犯罪工具。

第二，深度伪造技术影响国内公共舆论。深度伪造技术可能会影响国内民意与政治局势。2019年，由深度伪造技术捏造的美国众议院前议长佩洛西的一段谈话视频被广泛传播，甚至被美国前总统特朗普分享，获得了超过250万次的浏览量[②]。一些借由政治权威进行深度伪造的虚假视频以看似高度可信的方式呈现在互联网中，不仅可以操控公众的政治情绪，还会引起公众广泛的政治不信任，降低其公共参与的积极性，甚至可能成为别国针对本国发起虚假信息战争的重要工具。2022年2月俄乌冲突发生后，网络上流传着乌克兰总统泽连斯基向俄罗斯投降[③]和俄罗斯总统普京宣布已实现和平[④]等深度伪造视频，这些虚假视频配合着各类虚假信息与不实新闻，极有可能对战争局势和战争舆论产生重大影响。

第三，深度伪造技术挑战国家安全。深度伪造技术可能被用以挑起国家间矛盾，影响国家外交。利用深度伪造技术制作的视频、图片、音频等文件可能会成为虚假情报以误导国家决策。2017年5月，卡塔尔的官方推特（Twitter）

① 3D面具骗过人脸识别？软硬件联手确保刷脸支付安全［EB/OL］.［2023-10-08］. https://www.hnwxw.net/mobile/Article/3141.html.

② Deepfake首次"参与战争"：乌克兰总统被伪造投降视频，推特上辟谣［EB/OL］.（2022-03-24）［2023-10-08］. https://m.thepaper.cn/newsDetail_forward_17262083.

③ 同②.

④ 普京的假视频，也传疯了［EB/OL］.（2022-03-21）［2023-11-05］. https://news.sina.com.cn/o/2022-03-21/doc-imcwiwss7269312.shtml.

账号遭遇黑客攻击，黑客有意发布一条关于卡塔尔领导人就伊斯兰和伊朗关系的虚假讲话内容，一度引发卡塔尔与中东其他国家的外交危机[①]。

第四，深度伪造技术对司法取证带来挑战。深度伪造技术可以篡改甚至生成高度逼真的音频和视频内容，而鉴伪技术的相对滞后使一系列音频与视频难以证伪，从而对司法证据体系构成打击。这一特征亦可能令深度伪造技术发展成为说谎者模糊真相、摆脱质疑的工具。在深度伪造视频泛滥的社会中，如果深度伪造检测技术发展滞后，嫌犯可以声称某个监控视频证据是伪造的以逃脱罪名；类似地，部分政治家只要宣称某个不利于他的真实视频是竞争对手伪造的，就可以混淆公众视听，在矛盾的舆论中削弱对自身的指控。因此，深度伪造技术可能颠覆音频证据和视频证据可信度较高的传统，对司法体系产生巨大冲击。

4.2　数据存储与泄露风险

生物特征识别技术通过收集指纹、声音及人脸等生物特征信息，与数据库信息进行比对、匹配从而实现身份认证和识别。在这一过程中，收集、存储及共享等环节均会涉及大量生物特征数据的调动与使用。企业不仅仅会出于提升技术识别精准度的目的而进行大量数据收集以进行算法训练，同时，由于数据资产可能产生极高的商业价值，企业往往有动机尽可能多地收集数据以进行后续整理与分析，由此产生数据过度收集的潜在风险。随着全球资产数字化的发展和数据价值的剧增，数据泄露事故频发，且泄露数据的颗粒度愈发精细。因此，掌握海量数据的企业正面临更高的数据安全风险。

4.2.1　数据过度收集问题

生物特征识别技术作为海量数据的输入端口，相关设备的安装和运行、数据收集乃至数据存储环节会涉及一系列风险与伦理的争议。对生物特征数据的不当存储和使用往往会涉及对公民肖像权等个人信息和隐私的侵犯，因而生物特征识别技术在收集和存储过程中的不规范操作也会涉及更大范围的公民数

---

① 卡塔尔通讯社网站遭黑客攻击 出现重大错误消息［EB/OL］.（2017–05–25）［2023–10–08］. http://www.xinhuanet.com/zgjx/2017–05/25/c_136313375.htm.

据泄露。

相比于传统身份识别方式如签名、密码等，生物特征识别的特点是易收集且具有唯一性——如指纹，一旦触摸即易留痕且易被他人收集。人脸识别技术的不规范收集问题则最为突出：人脸信息可以被城市场景中各类搭载人脸识别的摄像头远距离、大规模地收集，且人脸识别技术更容易在用户不知情的情况下收集地理位置、行为等信息。人脸识别摄像头等监控设备的大规模铺设，加之技术本身数据采集便捷的特性，进一步增强了人脸识别技术实时、完整、精准获取用户行动轨迹与各类行为的能力，因此也引发了公众对人脸识别技术不规范收集数据的强烈担忧。

整体来看，生物特征识别技术的发展使人们的数据在不知不觉间被采集变得愈发容易。当前虹膜采集技术已经实现用户在设备前 1~1.5 米的位置站立就能完成数据采集。随着技术的进一步发展，城市管理各类场所的摄像头所采集的数据可能会包括各类生物特征。然而，目前我国相应法律法规的不完善导致人脸信息的采集仍未受到妥善规范，实践中仍存在过度采集人脸信息的乱象。以下我们以人脸识别技术的三类应用场景为例，讨论数据过度收集的来源。

第一类场景通常用于身份认证，以 1∶1 的方式进行图像采集和静态对比完成身份匹配。常见的应用场景为城市行政服务过程中人证合一用以进行身份识别、人脸识别解锁手机等。出于使用便捷性和提升身份确认安全性的目的，大多数人脸数据的收集和识别都是用户知情且经用户同意而进行的。但尽管如此，这一过程中也可能会出现数据的不规范收集，例如手机人脸解锁会对人脸信息进行本地化处理，但多数情况下用户并不知情，亦不知晓还可以对本地化的人脸图像和面部信息进行控制和删除。

第二类场景通常用于 1∶N 的小区和单位打卡、刷脸支付等。人脸识别设备将当前采集的人脸信息与数据库中海量用户数据进行匹配、比对，进行身份确认与行为和偏好的识别。当前，《信息安全技术　个人信息安全规范》已明确，收集个人信息需要征得个人主体的明示同意。然而在实践中，在人脸数据收集过程中用户知情权依然较难得到保障。以当前部分商场、售楼处乃至小区的人脸识别存在数据的不规范收集现象为例：一方面，这些主体在人脸数据的收集过程中并未遵循"单独告知＋明示同意"的相关规定而在用户未知情的情况下采集人脸信息；另一方面，用户即使得知人脸信息被收集后也无法拒绝技术的使用和数据的收集，更无法要求删除已被收集的个人数据。故而用户的知情权和同意权未能在这类场景中得到保障。当前一个正面的案例是金融领域中的刷脸支付。2019 年中国人民银行提出"探索人脸识别线下支付安全应用"，释放了鼓励和发展人脸识别支付业务的信号，也推动了刷脸支付这一应用的进一步规范。在线上线下刷脸支付的应用场景中，人脸数据收集合规性的保障在于用户在开通"刷脸"功能时，开通页面上显示"刷脸支付用户协议"或"刷脸支付个人信息保护政策"，并要求用户确认被告知并同意协议。应鼓励其他线下应用场景探索与"刷脸支付"相似的规则。

第三类场景通常用于通过 N∶N 的多张采集图像与海量数据库人脸图像进行比对匹配的城市管理场景中，如公共场所的治安监控、嫌犯追踪、失踪儿童搜寻等。由于城市公共部门所掌握的公民信息更全面、立体、精细，一旦信息发生泄露或有意将公民信息挪作他用，将会波及更大范围，因此对公民人脸数据信息的采集仍然需要具有合法性。在公民身份信息收集之初，敏感信息（如姓名、出生日期、身份证号码、指纹以及人脸信息等）均需在"告知－同意"的基础上被采集并形成身份信息资源库。然而在治安监控、交通监控识别等公共场景下，不可避免地会涉及较大范围的人脸信息收集，且这些信息往往会被长期存储以便事后回查。这一场景中的人脸数据的海量收集和长期存储增加了数据的安全风险。此外，随着物联网、自动驾驶、无人机等人工智能、大数据的发展，在各类设施中嵌套的高清摄像头也会在运行过程中采集海量的行人或用户信息。尽管这一类人脸信息的收集的原始目的并非针对特定身份的确认与识别，但考虑到这类视频相对较长的存储时间和人脸识别技术的发展，高清的人脸图像会使用户或行人存在后期被识别并定位身份的可能性，因此仍然需要对这类数据收集行为进行规制。

4.2.2　数据存在泄露风险

当前，生物特征识别技术不仅在数据收集阶段缺乏对用户知情权的保障，在数据存储阶段的安全性也不断引发社会争议。整体而言，生物特征数据泄露的社会风险之所以巨大，首先与生物特征信息本身的特征紧密相关。指纹、声音、虹膜及面部信息等生物特征具有唯一性，一旦留存，便可以被反复使用以进行身份确认；一旦被盗用，可能对个人信息主体造成永久性的隐私侵害。这对生物特征识别技术提出了更高的数据安全保障要求。其次，生物特征数据一旦和其他身份信息匹配，如身份证号、银行卡号、手机号等，会导致一系列更为严重的后果。例如人脸信息与个人行踪数据匹配后，可以被不法分子用以进行跟踪、精准诈骗及敲诈勒索等违法犯罪活动；指纹、人脸等生物特征信息与银行卡号、手机号匹配后，可以被不法分子用以盗取金融账户内的财产或盗取社交平台的账号。最后，生物特征数据泄露往往涉及整体性的集体安全或公共安全。大规模、普及性生物特征识别技术的应用可能累积海量个人敏感信息，而这些信息又往往通过集中存储的方式加以备份或利用，信息集中管理平台可能因为管理不善或遭黑客攻击等因素而造成大量数据泄露从而影响公共安全。

生物特征数据可能由于存储安全性低而导致泄露，从而引发侵犯公民隐私、导致财产损失等严重后果。2019年8月，韩国生物识别技术公司——Suprema由于安全系统漏洞，泄露了数百万用户的指纹、人脸数据、密码等信息，波及80余个国家和近6000个政府公共部门、金融机构和警方系统[1][2]。2020年3月，国内有媒体报道，疫情期间，网络上有卖家售卖几十万张戴着口罩的脸部照片，这些照片部分通过"网络爬虫"的方式进行收集，部分来源于上班打卡或小区门禁的抓拍照片[3]。2020年2月，美国人脸识别公司——Clearview AI遭遇了重大数据泄露事故，泄露的数据涵盖了美国政府公共部门和金融机构的数据[4]。

导致生物特征数据泄露的一个重要原因是生物特征数据未被合规共享。2020年2月，《个人金融信息保护技术规范》发布，中国人民银行针对金融行业中个人金融信息的收集、传输、存储、使用等制定了数据安全防护的行业

---

① 上班打卡也有风险？百万人指纹数据曝光［EB/OL］.（2019–08–15）［2023–11–05］. https://www.sohu.com/a/333997263_804262.

② 生物识别安全平台数据泄露数百万用户面部、指纹识别数据［EB/OL］.（2019–08–22）［2023–11–05］. https://www.sohu.com/a/335635072_604699.

③ 口罩竟然也阻挡不了人脸数据泄露［EB/OL］.（2020–03–30）［2023–10–08］. http://www.xinhuanet.com/politics/2020–03/30/c_1125785656.htm.

④ 30亿人脸数据AI公司遭遇重大数据泄露，完整客户名单被盗［EB/OL］.（2020–02–27）［2023–10–08］. https://m.thepaper.cn/kuaibao_detail.jsp?contid=6187305&from=kuaibao.

标准。其中规定，个人生物特征信息，包括指纹、虹膜、人脸等信息属于 C3 级别，即最高保护级别，不应共享转让，也不应委托给第三方机构进行处理。2020 年 3 月，发布的《信息安全技术　个人信息安全规范》对个人生物识别信息的存储和共享做出具体规定：一方面规定"原则上不应存储原始个人生物识别信息"，在实现识别、认证后立即删除原始图像；另一方面规定个人生物识别信息"原则上不应共享、转让"，确需共享、转让的，"应单独向个人信息主体告知目的、涉及的个人生物识别信息类型、数据接收方的具体身份和数据安全能力等，并征得个人信息主体的明示同意"。生物特征数据的共享、转让是指个人生物特征数据从网络运营者传输至数据接收方的过程。但在具体应用场景中，生物特征数据的共享并没有完全按照行业标准与规范进行。如数据接收方并未真正受到合同或义务的约束，个人生物识别信息在数据接收方的安全难以保障；在传输过程中，未采取数据脱敏、加密等安全措施保障数据安全。2021 年 4 月，国家市场监督管理总局、国家标准化管理委员会发布《信息安全技术　人脸识别数据安全要求》征求意见稿，规定人脸识别数据控制者"不应公开披露人脸识别数据，原则上不应共享、转让人脸识别数据"，因业务需要，确需共享、转让的，应按照《信息安全技术　个人信息安全影响评估指南》开展安全评估，并单独告知数据主体共享或转让的目的、接收方身份、接收方数据安全能力、数据类别、可能产生的影响等相关信息，并征得数据主体的书面授权。

导致生物特征数据泄露的另一个重要原因是生物特征数据收集和使用主体对数据安全保护的能力参差不齐，从而导致生物特征数据存储的安全性偏低。从技术上来看，数据的泄露主要通过三个渠道：将数据存储在云端过程中未将数据加密或令牌化；将数据代码存储在公共领域中导致源代码、登录凭证和访问密钥能被轻易获取；开源软件的大规模使用导致安全漏洞可能被大肆利用。而收集和存储生物特征数据的主体也主要包括三类：第一是各类生物特征数据收集设备的运营主体，如监控视频运营商通过公共场所的视频设备收集信息；第二类是生物特征识别技术的使用方，如商业机构、学校、公共职能部门及社交平台、金融软件等线上软件，经用户授权，收集包含用户个人生物特征（如指纹、人脸、声纹等）的信息；第三类是因科研需求收集生物特征数据用于人工智能算法学习和训练的科研机构。各类收集和使用主体对数据安全保护能力和数据保护意识的不同也增加了生物特征数据保护的难度。例如生物数据收集的主体运营商由于监管要求和市场需求会具有较为健全的数据安全体系，但生物特征识别技术的使用方，尤其是学校、物业等主体往往对数据安全、网络安全等认知不全且安全体系建设较为滞后。同时，各类互联网软件也会因数据的不正当存储引起信息泄露。2020年6月，全球9家流行约会软件泄露了约10万用户的隐私数据，包括250万份私密照片、聊天记录等隐私内容①。由此可见，线上软件收集了用户生物特征信息之后，一旦软件中用户行为痕迹和聊天记录与用户个人信息匹配并遭泄露，用户隐私将会遭到严重侵犯，泄露的数据还有可能成为用户被威胁、敲诈、勒索的工具。

4.3　技术滥用与技术公平

当下，生物特征识别技术的应用已十分广泛，不仅可以识别个人身份，还能够判断用户的性别、年龄甚至心理状态。这些技术不当应用可能会导致一系列隐私泄露、算法偏见等伦理问题。同时，社会结构固有的不平等也通过人脸识别技术反应在大数据之中。技术的可得性差异会导致数据结构的失真和偏差，无法如实反映现实社会的群体结构和特征，并影响后续大数据的分析和预测。生物特征识别技术的应用场景广泛且多元，但具体如何在赋能应用场景的同时降低应用风险，减轻伦理争议，还需要更多的研究和考量。

4.3.1　技术滥用与隐私泄露

生物特征识别技术的滥用是指在非必要的城市管理场景下强制用户使用生物特征进行身份确认。大多数滥用发生在用户不知情的情况下，少数场景下尽管用户知情也无法拒绝生物特征识别技术的使用，因为拒绝使用技术进行身份认证可能会导致无法获得服务。

技术滥用有可能发生在线下各类城市场景中，如商户、动物园等。曾有报道称某城市街道公厕采用人脸识别设备免费取纸巾，虽然方便了大家取用厕

---

① 9款约会社交 APP 云泄露数十万用户845GB 敏感数据［EB/OL］.（2020–06–23）［2022–01–29］. https://www.secrss.com/articles/21170.

纸，也防止了过度取用的浪费现象，但人脸识别的使用方式却引起了一些市民的担忧和争议，最终该设备被停止使用[①]。公厕、售楼处、商场通过人脸识别进行区别定价，也引发了公众关于价格歧视和算法歧视的讨论。技术滥用也可能发生在线上，如各类 App 在用户首次使用时均会采集用户的指纹、人脸等生物特征信息，部分短视频平台也会采集人脸进行以深度伪造技术为基础的合成视频的制作。美国的工作筛选服务商——HireVue 曾使用人脸识别技术筛选面试者，识别内容包括可靠性、情商、认知能力、情绪等信息，这项服务目前因遭到公益组织——电子隐私信息中心的申诉已被停止[②]。

技术应用的决策本质是在效率提升和隐私泄露、算法歧视等风险之中达成平衡。许多应用场景的需求并不是只能通过生物特征识别技术来达成。例如小区中使用传统身份识别方式如钥匙、密码等并不会给居民造成过多的不便；旅游景点园区内同样可以采取刷票或手机二维码的方式让游客进入园区，人员流动效率并不会显著降低。技术滥用的重要原因是在非必要场景下使用生物特征识别技术而忽视技术固有的风险。

生物识别技术的滥用会导致隐私泄露风险。生物特征识别技术的基本逻辑是对指纹、面部、步态等不同类型的个人身份数据进行收集、处理、分析，进而以此为基础识别、跟踪特定对象。身份识别数据属于个人敏感信息，在此过程中自然可能产生侵犯隐私的风险。特别是考虑到生物特征识别应用的普及性，这种风险又显得尤为重大。此外，生物特征作为人类本身的生理特征，其最大的风险来自生物特征本身的不可修改属性。现代的密码管理要求用户定时修改密码以保证安全，而生物特征很难甚至无法被修改。指纹、虹膜、人脸等信息一旦泄露并被用于非法途径，用户撤销或追回信息的手段极其有限。这些特征伴随人的生命历程存在，特征信息泄露的影响将会是长期持续的。

部分城市场景对生物特征识别技术的使用缺乏正当性，技术的不当使用不仅会侵犯用户隐私，也为商家进行价格歧视提供了可能。如售楼处安装人脸

①　公厕取纸靠人脸识别无必要［EB/OL］.（2020–12–10）［2023–10–08］. http://it.people.com.cn/n1/2020/1210/c1009–31961468.html.

②　KAHN J. HireVue drops facial monitoring amid A.I. algorithm audit［EB/OL］.（2021–01–20）［2022–01–29］. https://fortune.com/2021/01/19/hirevue–drops–facial–monitoring–amid–a–i–algorithm–audit/.

识别设备是为了识别不同身份的来访人员，从而针对来源渠道不同的客户进行差别定价；某些商场或汽车销售店通过人脸识别设备进行客户识别，识别成功后客户所有进店历史、消费历史都会发送到接待销售的电子设备中，以提升店铺客流量的客单转换率。这些生物特征识别技术的使用目的已经超出了"正当性"的范畴——使用者未经同意收集用户信息，冒着侵犯用户隐私的风险，以达到获取更大利益的目的。尽管 2021 年 11 月起施行的《中华人民共和国个人信息保护法》规定，"在公共场所安装图像采集、个人身份识别设备，应当为维护公共安全所必需，遵守国家有关规定，并设置显著的提示标识。所收集的个人图像、身份识别信息只能用于维护公共安全的目的，不得用于其他目的；取得个人单独同意的除外"，但在实践中对于"维护公共安全的目的"的具体定义与具体应用情境争议仍然很多。

4.3.2　技术可得性差异与算法偏见

生物特征识别技术是海量数据输入的重要渠道，不同社会群体对生物特征识别技术可得性的差异可能会影响收集到的大数据的结构与特征，并可能进一步导致算法偏见与数字鸿沟。

生物特征识别技术是未来大数据输入的核心基础设施之一。生物特征识别技术有助于将数据输入端口从线上拓展至线下，是大数据时代和智慧城市建设中重要的数字基础设施。生物特征识别技术正面临着多元化、融合化和普适化的发展趋势，采用多模态生物特征识别技术有助于进一步提升身份确认的效率和准确度；而随着生物特征识别技术被越来越多地应用于各类硬件设备和不同场景之中，这种普适化的应用趋势也会使利用生物特征识别技术抓取的数据基数更加庞大，数据类型更加丰富。

社会不同群体对技术可得性的差异会导致大数据结构的失真。生物特征识别技术由于网络基础设施、技术设备等覆盖的差异，在不同人群之间仍然有可得性的差异。截至 2019 年 6 月，我国网民规模达 8.54 亿，互联网普及率为 61.2%，非网民规模为 5.4 亿，其中农村地区非网民占比 62.8%[①]；2019 年东部地区 4G 移动宽

[①]　中国互联网络信息中心. 中国互联网络发展状况统计报告（第 44 次）[R]. 北京：中国互联网络信息中心，2019.

带用户的平均下载速率最高达到 24.60Mbit/s，而中部地区和西部地区则分别较东部低 0.93Mbit/s 和 1.58Mbit/s，表现出了较为明显的地区差距[①]。老年人持有智能手机等个人设备的比例较低，同时，由于学习能力偏弱以及传统观念等影响，老年人作为数字弱势群体，在使用指纹、人脸等方式解锁手机或进行手机软件登录方面的比例更低。与此同时，由于生物特征识别的技术设备如公共治安摄像头、入口人脸闸机等较少覆盖，农村地区对生物特征识别技术的可得性远远低于城市地区。整体来看，农村人和城市人、老年人与青年人等不同社会群体间对生物特征识别技术可得性的差异，意味着社会结构的不平等通过生物特征识别技术映射在大数据的结构上，物理世界的不平等被展现在虚拟空间的数字化不平等之中，而后续的数据分析与算法处理会将这种数据结构的不平等进一步放大。

　　生物特征识别技术在城乡之间、不同年龄群体之间的可得性差异会带来生物特征识别准确率的不平等。有研究提到，Cognitec 的人脸识别系统对非裔美国人的识别准确率比白人低 5 到 10 个百分点[②]。2019 年美国国家标准与技术研究院（NIST）对法国一家人脸识别公司 Idemia 的算法的测试结果显示，该算法对深色皮肤人种的识别准确率较低，黑人女性的错误识别概率为千分之一，而白人女性的错误识别概率为万分之一[③]。这种差异主要是由于样本入选数量的种族差异造成的。更多的样本入选可以增强算法识别的准确度。一旦不同社会群体在进入用以训练的算法样本的机会间存在不平等，生物特征识别技术的准确度也会随之受到影响。

　　生物特征识别技术的可得性差异不仅会导致技术识别准确率的差异，而且会影响后续大数据分析和预测的准确性。如果说生物特征识别准确度的差异是一种较为隐形的不平等，基于生物特征识别技术产生的大数据分析的失真和偏差会再产生更广泛的不平等。客观、精准、去意识形态的大数据预测的前提是高代表性、高质量的数据样本[④]。用作算法训练的样本的全面性、平衡性

① 宽带发展联盟.中国宽带速率状况报告（第25期）［R］.北京：宽带发展联盟，2019.

② Klare B F, Burge M J, Klontz J C, et al. Face Recognition Performance: Role of Demographic Information［J］. IEEE Transactions on Information Forensics and Security，2012，7（6）：1789-1801.

③ NIST: 黑人遭人脸识别技术"误判"概率高出白人5至10倍［EB/OL］.（2019-07-29）［2023-10-08］. https://www.secrss.com/articles/12579.

④ 林曦，郭苏建.算法不正义与大数据伦理［J］.社会科学，2020（8）：3-22.

会影响最终的算法准确度和公平性。数据边缘群体，如一些老年人、部分农村地区人群，由于生物特征识别技术的低可得性，会成为被算法忽视的一部分样本，从而无法享受因算法而带来的便利。同时，这部分群体的信息数据随着算法的迭代被不断强化群体烙印，如某一算法以周围一千米内用户的数据作为依据推荐商品或新闻，该地区用户可能会被不断固化社区的偏好和认知。算法偏见会持续加深这一趋势，从而加剧社会固有的不平等。

算法偏见的本质是由于无法获取全样本的数据，不平衡的数据结构会折射一个失真的现实世界，加之算法本身的特性是通过数据迭代不断加深某一判断和认知，从而会沿袭甚至加剧现实世界中的结构性偏见。识别只是生物特征识别技术应用的第一步，技术的最终目的是以此为基础提供差异化服务，或者做出差异化鉴定。不平衡的数据辅之自我迭代算法很有可能会产生违背公平、平等理念的歧视问题，这又在公共服务、银行信贷、健康保险等领域显得尤其重要。

4.4　城市应用中的社会性风险

随着生物特征识别技术在公共交通、公共治安及行政服务等领域的大规模推广与应用，城市公共服务的回应速度和执行效率显著提升。如在线上社保申领过程中通过人脸识别或声纹识别进行身份确认，既能使民众不出家门即可领取社保，又可以避免社保冒领与福利欺诈；线下公共服务过程中指纹识别、人脸识别等技术的嵌入，可以将服务流程化繁为简，如公共卫生系统通过人脸识别简化就医流程，实现医疗信息集成。生物特征识别技术的"接入"正将城市公共服务改造得更为"智慧"。

但同时，生物特征识别技术在城市公共服务的应用中可能产生的风险也引发了广泛的关注和担忧。海量公民数据的获取尤其是生物特征数据是城市公共服务中实现技术更新与迭代的前提，如公共治安的数字化转型往往意味着公民个人信息数据和行动数据的大规模收集。同时，这些公共数据往往涵盖公民姓名、性别、生物特征、教育背景、职业、收入、个人资产乃至医疗档案，涉及面广泛且数据颗粒度精细。一旦在后续的数据使用、存储及授权使用或共享等环节发生泄露或被不当使用，不仅会给公民造成严重的财产损失，更会影响公民对技术本身和公共部门的信任与满意程度。当前公共部门对生物数据收集的边界也尚不清晰，数据收集在实践中仍缺乏有效约束。而公共部门间的断层与沟通不畅使数据多头收集的情况屡屡出现。

4.4.1　财产损失风险

当前，生物特征识别技术已在银行、移动支付系统等金融领域中被广泛使用。从线上线下银行个人账户身份确认，到移动支付系统的身份认证支付，以指纹识别和人脸识别为主的生物特征识别正在远程开户、ATM 存取款、支付等金融环节中替代以往的身份确认方式。但生物特征识别本身的一些特征可能引发潜在的财产损失风险。

首先，生物特征具有不可更改性，一旦丢失或被盗用，可能引发持续和更大范围的财产损失。传统密码、签名等身份验证方式虽然容易被遗忘或被仿制，却可以随时更换和重置。相较而言，生物特征的不易修改性和唯一性对公民保护其自身的生物特征以及生物特征库的数据安全提出了更高要求。其次，生物特征存在伪造和仿制风险。一旦发生指纹或人脸被伪造等事件，公民的财产安全将会面临全方位的风险。由于用户的技术使用惯性，许多用户会习惯性地在装载人脸识别或指纹识别的智能手机 App 中大范围开通人脸识别或指纹识别功能，并进行身份确认及支付。因此，一旦指纹或人脸发生泄露或仿冒，从线上银行到微信、支付宝等移动支付系统，这些仅通过生物特征进行识别即可完成支付或转账的 App 都会同时面临巨大的财产损失。

4.4.2　政治信任风险

在新技术应用的背景下，政府的角色产生了新的变化。政府不仅从以往单纯的技术监管者的身份转换为技术运用者和技术治理者，也同时参与了技术使用和数据存储的技术实现环节。政府部门更全面、多层次、多种类地掌握公民信息，意味着公共权力的进一步扩张。更丰富的角色和对技术环节更深入的参与，往往伴随着政府权力边界的扩展，但同时也意味着政府治理责任的强化。数据表明，当前公众对政府保存生物特征数据的信任度要远高于数据企业①。可以预见的是，政府会在新技术时代承担更大的生物数据保护与治理责任。一旦发生大规模的生物特征数据泄露等事故，公众会对政府的企业监管与数据治理能力产生怀疑，从而降低对技术应用和公共部门的信任度。

虽然城市管理过程中生物特征识别技术的应用可以提升治理效率与治理水平，但其本身的技术局限性和随之而来的技术风险也会影响公众的政治信任。例如人脸识别技术中存在的不同种族识别准确率的差异，会直接影响公众对公共部门中使用人脸识别技术的接受度。而在美国发生白人警察暴力执法事件发生后，IBM 等科技公司宣布停止人脸识别技术的研发，并拒绝向公共部门提供人脸识别服务。

以生物特征识别为代表的新兴技术虽然延伸了政府治理的触角，强化了政府的治理深度，但也有公众担忧这类技术可能会过度拓展政府的权力边界。从医疗、交通、金融再到各类行政服务等城市管理领域，当代社会每天正在产生大量广泛且细致的数据。这类数据一旦整合，足以拼凑乃至描绘出精准至个体的详细画像甚至动态行为。因此，在大数据背景下，不对政府的数据收集、使用与共享等环节加以约束，不仅会引发公众对自身隐私与安全的担忧，也会产生更大的政府信任危机。

4.4.3　技术伦理风险

生物特征识别技术不仅推动了身份识别、身份认证的效率和效能的提升，也可以通过人工智能算法实现情感识别、犯罪推断等功能。然而，生物特征识别的这类"先进"应用亦蕴含着潜在的伦理危机。

微软公司曾推出一款可以"察言观色"的技术产品，其可通过人工智能算法推断用户的情绪、性别、年龄乃至其他属性。然而，该技术产品一直存在准确率偏低和侵犯隐私的巨大争议。一方面，面部表情未必是人类情绪的"准确信号"，且情感表达的跨文化多元性使利用人工智能算法进行情绪推断的准确性存疑。另一方面，该技术存在潜在的隐私侵犯，如将人脸识别对身份的识别进一步推进到了对心理状态的抓取。目前，微软已宣布停售这一业务。2020 年，一篇关于人脸识别预测犯罪的文章引起了美国学术界和企业界的公开反对。

---

① 详见本书第三章问卷数据。

该文章指出通过照片中人物的面部特征推测其是否为罪犯的正确率可以达到80%[①]。公开的反对人员则认为机器学习算法并非中立，鉴于该篇文章用以训练的刑事司法数据本身存在种族偏见，算法预测的结果必然隐含种族歧视[②]。

生物特征识别技术在情绪推测、犯罪推断等领域的应用有其合理性，可以促进面向用户的消费营销、协助提升公共治安水平，但同时也会引发巨大的隐私和伦理争议。基于生物特征识别的情绪推测意味着不仅仅能进行身份的确认，还能够识别心理的状态，公众对个人隐私的保护将进一步降低；同时，前置性执法过于主动地进行罪犯识别，既会引发公众对社会性大规模监视的担忧，也会引发公众对技术和算法是否存在社会偏见的质疑。

4.5　技术特征与治理逻辑

得益于机器学习中卷积神经网络等人工智能底层模型算法的发展，生物特征识别技术在鲁棒性、准确性及抗攻击性等方面都有了长足进步。对生物特征识别在城市应用中技术风险和治理逻辑的理解，需建立在对人工智能的技术特征与治理框架的认知基础上。随着人工智能技术在各个行业、各个领域的深度应用，某些技术模式相对稳定、业态逻辑相对成熟、引发的治理风险也相对明确的治理问题已经出现。在此背景下，下文从分析人工智能基础技术和应用特征出发，通过"技术驱动"和"场景驱动"两条路径来理解生物特征识别技术的风险治理问题。

为了更好地理解生物特征识别技术的治理逻辑，首先要理解人工智能应用业态的基本特征。从现实发展的情况来看，两条路径构成了人工智能应用的基本思路。一方面，人工智能应用以技术驱动为主，部分通用型人工智能技术被应用于不同场景以实现不同功能，生物识别、智能推送便是典型案例。例如，类似的生物识别技术被应用于城市管理中不同场景从而可以实现身份管

① PASCU L. Biometric software that allegedly predicts criminals based on their face sparks industry controversy ［EB/OL］.（2020–05–06）［2023–10–08］. https://www.biometricupdate.com/202005/biometric–software–that–allegedly–predicts–criminals–based–on–their–face–sparks–industry–controversy.

② Coalition for Critical Technology. Abolish the #TechToPrisonPipeline ［EB/OL］.［2023–11–05］. https://forcriticaltech.github.io/.

理、公共服务、行业监管等多元化单一目标[①]。治理需求更多源自因技术性能或功能不完善而导致既定目标难以实现的问题。另一方面，人工智能应用以场景驱动为主，复杂的应用场景包含了不同类型的人工智能技术组合，其往往致力于传统业态模式的变革并因此可能在不同环节带来不同程度的治理风险，自动驾驶、智能医疗便是典型案例。例如，图像识别、智能决策等多种人工智能技术被组合在一起以解决自动驾驶的场景需求，但在此变革过程中也存在责任分配、隐私侵害、公共安全等不同治理风险。

技术驱动的人工智能应用更多关注目标的实现与否，场景驱动的人工智能应用则侧重风险管理。在此基础上，我们将人工智能治理框架按照目标管理和风险管理两个维度进行划分。一方面，基于目标管理的视角，人工智能应用旨在实现特定目的，但因技术性能或功能的不完善而导致目标错位，从而要求建构治理体系以确保目标实现；另一方面，基于风险管理的视角，人工智能应用可能引发社会风险（此处我们将社会风险定义为：新兴技术应用过程及其结果的不确定性导致社会特定群体利益受损的严重性或紧迫性程度），并因此出于控制风险的目的而要求完善治理体系。特别地，风险管理更多体现为过程或结果管理，因此不同于目标管理。二者共同建构了人工智能治理的整体框架。

4.5.1　技术驱动人工智能应用逻辑下的目标管理

技术驱动人工智能应用逻辑下，治理体系构建的关键是确保应用目标的实现，而不同技术的侧重点差异，也使目标管理的重心存在差异。就人工智能的技术原理而言，由于以机器学习为代表的新一代人工智能技术极度依赖数据，而包括类脑计算在内的其他人工智能技术路径对数据又没有太高要求，因此"数据属性的强弱"可被视为技术驱动人工智能逻辑下的分类指标。

"数据属性强"，其更多是指数据将为人工智能提供"原材料"，尤其作为当前人工智能技术主流路径的机器学习更是如此——机器学习正是基于数据做出预测和改进行为的计算方法。因此，数据的均衡性、鲁棒性、完整性都将直

---

① "多元"是指不同场景下存在不同类型的目标，"单一"是指在同一场景仅存在有限（单一）种类的目标。

接影响人工智能应用功能性目标的实现与否。值得注意的是，考虑到人类社会出于个人隐私权利或公共安全保护目标而限制数据收集、存储、应用方式的制度安排，人工智能治理在数据层面的目标管理同样需要回应数据治理制度要求，而这即构成了数据治理的价值性目标约束。就具体实例而言，"生物识别"的治理框架即是侧重数据治理的典型代表。

"数据属性弱"，则是指此时的人工智能技术实现方式更多依赖算法的发展和创新，而非依赖从数据或经验中学习，并且输出结果体现了数据或经验中包含的特征或规律。因此这也在更大程度上体现了算法治理的要求。相比数据治理以数据本身所体现的的基本权利为起点，算法治理更多关注分析数据的方法本身的完整性与安全性，以及基于数据而提炼出的特征或规律与所要实现目标的匹配性和一致性。与数据治理类似，由于人类社会存在着公平性、程序性要求的制度约束，算法治理同样需要将这些价值性目标要求考虑在内。就具体实例而言，针对"智能推送"的治理框架是侧重算法治理的典型代表。

4.5.2　场景驱动人工智能应用逻辑下的风险管理

场景驱动人工智能应用逻辑下，人工智能治理的关键在于按照风险管理的原则构建治理体系。在风险管理理论视野下，风险源于不确定性，是对未来可能发生损失的概率大小和严重程度的衡量。具体到人工智能应用，这又主要体现在人工智能作为一个"系统"的"自主性"强弱方面。一方面，在部分场景下，人工智能系统的自主性较弱，这意味着其应用以辅助人类工作为主。此时人类的自主性仍然占据主导地位，在界定好人工智能产品或服务功能标准的前提下，应用风险主要源于人类作为部署者、使用者的不确定性。此类场景的典型案例有医疗健康领域的人工智能应用。另一方面，在部分场景下，人工智能系统的自主性较强，这意味着人工智能的应用旨在取代人类生产生活中的重复性、范式性工作，此时智能算法或机器的自主性更强，应用风险也主要来源于人工智能本身的复杂性。自动驾驶便是此类场景的典型案例。为进一步区分"辅助人"或者"替代人"这两种应用场景下治理工具的差异，本书又进一步将相关场景划分为事前、事中、事后三个环节（见第六章，第118~123页）。

4.5.3　生物特征识别技术的治理逻辑

人工智能应用存在"以技术驱动为主"和"以场景驱动为主"两条路径，前者更多关注技术应用的目标实现与否，后者更多关注技术治理的风险管理。

在以技术驱动为主的应用路径下，构建治理体系的核心是实现技术目标。生物特征识别的技术目标实现由技术本身的性能决定，如识别算法的精准度与数据结构的平衡性，但主要取决于数据的数量与质量。当前机器学习的底层算法模型已经能够保证生物特征识别技术具有较高的精准度，但在多元场景下采集的数据的平衡性、鲁棒性及完整性等各不相同。由于生物特征识别技术是基于海量数据做出预测的技术，数据采集数量和结构的差异会极大影响识别结果的精准度。例如生物特征识别技术常常被应用在人口管理、治安监管、公共服务等城市的多元场景中以实现身份识别，但识别精准度会在不同场景下有所差异。在某些情境下生物特征识别技术的低效或低性能，往往是由于技术本身无法适应多元城市场景和环境状态的转换，从而无法实现既定的技术目标。同时，对生物特征数据的采集又需要回应社会价值中对个人隐私、数据安全等技术伦理的考虑，由此构成了对数据治理的价值型约束。因此，在技术驱动为主的应用逻辑下，对生物特征识别技术的治理需要侧重对数据的治理，具体而言，既要保障技术层面上对数据鲁棒性、平衡性和完整性的需求，又须回应社会对数据采集、存储和应用过程中技术向善的期盼。

在以场景驱动为主的应用路径下，构建治理体系的核心是进行风险管理。生物特征识别技术是典型的以辅助人类工作为主的人工智能技术，其实现的身份识别功能作为技术小切口往往服务于更大的人口管理、行业监管等城市管理目的，且其产生的技术风险主要源于技术应用者的不确定性。具体而言，当前在交通枢纽、公共治安等多元城市场景下，生物特征识别技术本身具有较高的精准度和确定性，且往往扮演社会管理者的辅助者角色帮助进行身份确认和信息录入；技术风险往往不在算法本身，而在于技术使用者在数据的收集、存储和应用过程中，有可能会引发个人隐私及数据安全等方面的社会性风险。

第五章

中国生物特征识别技术的规范体系

以《中华人民共和国宪法》为根据，以《中华人民共和国民法典》《中华人民共和国刑法》《中华人民共和国数据安全法》及《中华人民共和国个人信息保护法》等法律（以下简称《宪法》《民法典》《刑法》《数据安全法》《个人信息保护法》）为支撑，我国已经构建起针对生物特征识别技术的较为完整的法律体系。同时，政府也出台了大量规范文件，并与上述法律共同构成了我国生物特征识别技术的规范体系。但是，现行规范体系尚存在利用性法规与保护性法规比例失衡、保护生物识别信息的规范内容难以适应新技术的发展、生物识别信息的保护与利用的平衡缺乏统筹考虑等方面的问题。针对于此，本章介绍了我国生物特征识别技术规范体系的现状及特征，并探讨了规范体系存在的问题及完善策略。本章提出需确立恰当的伦理基础，由"个人–社会二分视角"转向"个人–社会融合视角"，强调隐私主体在与社会多元主体持续沟通商谈中动态确定隐私边界，尤其是在具体场景中匹配不同程度的隐私保护策略，以顺应信息高效流通的态势。

5.1 中国生物特征识别技术规范体系的现状与特征

我国生物特征识别技术的规范体系，在纵向上以法律、行政法规、部委规章、地方性法规及技术标准和行为指南为框架，在横向上分布于公共治安、金融支付、身份管理、社保身份识别、行业监管、就医服务、园区管理、基层防疫等多个领域。这一规范体系日益强调对生物识别信息的保护。但是，当前保护制度仍以"告知–同意"为基础，规范条款也分散于不同文本之中，缺乏关于生物识别信息的专门立法。

5.1.1　生物特征识别技术的规范框架

1. 宪法、法律及中央政策文件

《宪法》对个人信息保护提供了规范依据，考虑到生物特征识别技术以自然人的生物特征信息为抓取及识别的对象，因此宪法构成生物特征识别技术规范框架的根据。具体而言，《宪法》第四十条对个人的通信自由及通信秘密进行了保护："中华人民共和国公民的通信自由和通信秘密受法律的保护。除因国家安全或者追查刑事犯罪的需要，由公安机关或者检察机关依照法律规定的程序对通信进行检查外，任何组织或者个人不得以任何理由侵犯公民的通信自由和通信秘密。"该内容虽不直接涉及自然人的生物特征识别信息，但能够从中发掘立宪者基于维护人格尊严的考虑强化个人信息保护的价值取向。结合《宪法》第三十八条有关个人尊严的条款"中华人民共和国公民的人格尊严不受侵犯。禁止用任何方法对公民进行侮辱、诽谤和诬告陷害"，以及第三十九条对个人私密空间的保护"中华人民共和国公民的住宅不受侵犯。禁止非法搜查或者非法侵入公民的住宅"，可以发现，《宪法》强调维护自然人的人格尊严不受侵犯以及对个人信息及隐私的保护①。各下位法规范对个人信息及生物识别信息的规定皆应以维护人格尊严为价值指引，对生物特征识别技术的利用不得导致对公民人格尊严的侵犯。

以《宪法》为依据，《中华人民共和国民法总则》第一百一十一条规定了自然人的个人信息受法律保护，但未将"生物识别信息"作为特殊的个人信息加以特别说明。而《中华人民共和国网络安全法》在附则中明确个人信息包括"个人生物识别信息"。2021 年 1 月 1 日起实施的《民法典》②将"个人信息"与"隐私权"均列入"人格权"，并在第一千零三十四条对个人信息进行列举时提到了"生物识别信息"，从而在法律层面明确将生物特征识别信息纳入个人信息保护的范畴，因此《民法典》关于个人信息保护的一般性规定（第一千零三十四至一千零三十九条）也适用于对生物特征识别信息的保护。概

---

① 李忠夏.数字时代隐私权的宪法建构［J］.华东政法大学学报，2021，24（3）：42-54.
② 《民法总则》是《民法典》的总则编，规定了民事活动必须遵循的基本原则和一般性原则，在《民法典》中起统领性作用。《民法典》生效后，《民法总则》废止。

括而言,《民法典》要求处理个人信息应当遵循合法、正当、必要原则,并遵守"告知－同意"制度,违反上述规定的应当承担民事侵权责任。随着将生物特征识别信息明确纳入个人信息保护的范畴,《刑法》(第二百五十三条之一)、《中华人民共和国居民身份证法》(以下简称《居民身份证法》)(第六条、第十三条)、《中华人民共和国消费者权益保护法》(以下简称《消费者权益保护法》)(第十四条)等法律有关个人信息保护的规定同样适用于生物特征识别信息。此外,《中华人民共和国反恐怖主义法》(第五十条)、《中华人民共和国出境入境管理法》(第七条)等法律对相关部门采集自然人生物特征识别信息的情境作出了规定。

2021年9月,《数据安全法》正式生效,它对数据安全制度、保护义务等作出了法律规定。2021年11月生效的《中华人民共和国个人信息保护法》(以下简称《个人信息保护法》)(第二十八条、第二十九条)则将生物特征识别信息作为敏感信息对待,进一步细化了处理自然人生物识别信息时的"告知－同意"制度,包括设定了单独同意、必要性说明等要求,并且明确"只有在具有特定的目的和充分的必要性,并采取严格保护措施的情形下,个人信息处理者方可处理敏感个人信息。"

国家对生物识别技术的伦理治理也有系统的指导性意见与顶层设计。2021年6月17日国家新一代人工智能治理专业委员会发布《新一代人工智能治理原则——发展负责任的人工智能》,明确人工智能治理的八项原则:和谐友好、公平公正、包容共享、尊重隐私、安全可控、共担责任、开放协作和敏捷治理。其中,尊重隐私原则要求:"人工智能发展应尊重和保护个人隐私、充分保障个人的知情权和选择权。在个人信息的收集、存储、处理、使用等各环节应设置边界,建立规范。完善个人数据授权撤销机制,反对任何窃取、篡改、泄露和其他非法收集利用个人信息的行为。"2021年9月25日,国家新一代人工智能治理专业委员会发布《新一代人工智能伦理规范》,细化落实《新一代人工智能治理原则》。2022年3月20日,中共中央办公厅、国务院办公厅发布《关于加强科技伦理治理的意见》,明确了科技伦理的五大原则:增进人类福祉、尊重生命权利、坚持公平公正、合理控制风险、保持公开透明。其中,"敏捷治理"被写入治理要求,强调"加强科技伦理风险预警与跟踪研判,及时动态调整治理方式和伦理规范，快速、灵活应对科技创新带来的伦理挑战"。

《宪法》《民法典》《刑法》《数据安全法》及《个人信息保护法》等法律，以及《关于加强科技伦理治理的意见》等中央政策文件，为我国生物特征数据安全领域构建了较为完整的规范框架。

2. 行政法规与部委规章

我国已有部分行政法规、部委规章对生物识别技术的应用作出了规定，并对行政机关、事业单位以及各类网络服务提供者设定了相关义务，还要求其在对公民个人信息的收集、使用等活动中遵循合法、正当等一般法律原则。例如1998年科学技术部、原卫生部发布的《人类遗传资源管理暂行办法》，2013年7月工业和信息化部发布的《电信和互联网用户个人信息保护规定》，2016年10月原国家卫生和计划生育委员会发布的《涉及人的生物医学研究伦理审查办法》，2019年8月国家互联网信息办公室发布的《儿童个人信息网络保护规定》等。2019年5月国务院发布《中华人民共和国人类遗传资源管理条例》，该条例要求要有效保护和合理利用我国人类遗传资源。2021年9月国务院发布《关键信息基础设施安全保护条例》，要求关键信息基础设施的运营者应当建立健全个人信息和数据安全保护制度。2021年10月国家互联网信息办公室牵头多部门发布《汽车数据安全管理若干规定（试行）》，特别规定"汽车数据处理者具有增强行车安全的目的和充分的必要性，方可收集指纹、声纹、人脸、心律等生物识别特征信息"。2021年11月，国家互联网信息办公室发布《网络数据安全管理条例（征求意见稿）》，从数据角度对生物特征信息的收集方式与使用限度作出了具体规定："数据处理者利用生物特征进行个人身份认证的，应当对必要性、安全性进行风险评估，不得将人脸、步态、指纹、虹膜、声纹等生物特征作为唯一的个人身份认证方式，以强制个人同意收集其个人生物特征信息。"2022年1月28日，国家互联网信息办公室关于《互联网信息服务深度合成管理规定（征求意见稿）》公开征求意见，其中特别提及"提供具有对人脸、人声等生物识别信息或者可能涉及国家安全、社会公共利益的特殊物体、场景等非生物识别信息编辑功能的模型、模板等工具的，应当自行开展安全评估，预防信息安全风险"，"深度合成服务提供者提供人脸、人声等生物识别信息的显著编辑功能的，应当提示深度合成服务使用者依法告知并取得被编辑的个人信息主体的单独同意"。2022 年 11 月，国家知识产权局正式启动数据知识产权地方试点工作，鼓励各地在充分考虑数据的安全、公众的利益和个人的隐私的基础上，以数据处理者为保护主体，充分发挥数据对产业数字化转型和经济高质量发展的支撑作用。工业和信息化部等十二部门同年 12 月公布了 2022 年网络安全技术应用试点示范项目名单，强调为适应数字产业化和产业数字化发展新形势，从人工智能安全、大数据安全和智慧城市安全等多个方向遴选技术先进、应用成效显著的试点示范项目。

受制定主体和规范位阶的限制，这类规范文件分别从不同的角度出发，对生物特征识别技术的应用进行规制，规范内容较为分散、缺乏体系性。

3. 地方性法规

在生物特征识别技术的应用过程中，地方也针对该项技术在不同领域的应用产生的社会风险与伦理问题积极探索地方立法。

在物业管理领域：2020 年 10 月，《杭州市物业管理条例（修订草案）》提出，不得强制业主通过指纹、人脸识别等生物信息方式使用公共设施设备；四川省第十三届人民代表大会常务委员会第三十次会议于 2021 年 9 月修订通过的《四川省物业管理条例》规定，"在物业服务区域公共空间安装个人身份和生物特征识别设备"必须由业主共同决定。

在征信领域：2020 年 12 月，天津市十七届人民代表大会常务委员会第二十四次会议表决通过了《天津市社会信用条例》，明确禁止企事业单位、行业协会、商会等市场信用信息提供单位采集自然人的生物识别信息；2021 年 3 月 18 日，广东省第十三届人民代表大会常务委员会第三十次会议通过的《广东省社会信用条例》明确规定，在采集市场信用信息时禁止采集自然人的生物识别信息。

在消费者权益保护领域，2018 年 1 月 18 日，湖北省第十二届人民代表大会常务委员会第三十二次会议修订通过的《湖北省消费者权益保护条例》，明确了消费者的生物识别信息依法受保护。

在专门的数据领域：2021 年 6 月 29 日，深圳市第七届人民代表大会常务委员会第二次会议通过的《深圳经济特区数据条例》要求，在处理生物识别数据时，应当征得自然人明示同意，并且还应提供处理其他非生物识别数据的替代方案，若变更处理目的，还需再次取得自然人同意；2021 年 11 月 25 日，上海市第十五届人民代表大会常务委员会第三十七次会议通过的《上海市数据条例》同样规定，处理生物识别信息应当获得自然人单独同意，且应当具有特定的目的和充分必要性；2022 年 1 月 21 日，浙江省第十三届人民代表大会第六次会议通过的《浙江省公共数据条例》明确规定，公共管理和服务机构在已经通过有效身份证件验明身份的情况下，不得强制通过收集指纹、虹膜、人脸等生物识别信息重复验证。

地方性法规结合本地实践情况，以国家层面的个人信息及生物识别信息规范框架为基础进行了探索和发展，但条款数量仍然较少且内容较为简单，在具体实施中还需地方人民政府配套发布地方政府规章或其他规范性文件。

4. 技术标准、行为指南与行业自律

国际生物特征识别技术的标准化工作主要由 ISO/IEC JTC1/SC37（生物特征识别分技术委员会，成立于 2002 年）负责，其主要任务是实现在不同的生物特征识别应用和系统之间的互操作和数据交换，从而对生物特征识别相关技术进行标准化。通用人体生物特征识别标准包括：通用文档框架、生物特征识别应用编程接口、生物特征识别数据交换格式、相关生物特征识别轮廓、生物特征识别技术评估标准的应用、性能测试与报告的相关方法以及司法与社会相关问题。

我国的生物特征标准化工作由全国信息技术标准化技术委员会生物特征识别分技术委员会（SAC/TC28/SC37，以下简称"分委会"）负责。分委会于 2013 年由国家标准化管理委员会批复同意成立。分委会第一届委员共有 53 名。2016 年成立了移动设备生物特征识别标准工作组，共有成员单位 36 家；2018 年成立了基因组识别工作组，共有成员单位 22 家（截至 2019 年 11 月）。通过多渠道广泛征集和公示，分委会于 2019 年 7 月完成换届工作。分委会第二届委员共有 59 人，涵盖了国内生物特征识别产、学、研、用各领域。2019 年 11 月，分委会成立了人脸识别、虹膜识别、静脉识别和行为识别 4 个工作组[①]。

---

① 中国电子技术标准化研究院，全国信息技术标准化技术委员会生物特征识别分技术委员会. 生物特征识别白皮书（2019 版）[R]. 北京：中国电子技术标准化研究院，全国信息技术标准化技术委员会生物特征识别分技术委员会，2019.

2014 年，全国信息技术标准化技术委员会授权中国电子技术标准化研究院作为我国生物特征识别注册机构。该机构主要为我国生物特征识别领域的企事业单位提供生物特征识别注册服务，旨在为生物特征识别领域的机构和相关产品（包括设备、算法、数据格式等）进行标识，以实现生物特征识别产品和技术的互联互通，使不同企业的产品具备互操作性和可追溯性。

与生物识别信息安全密切相关的技术标准和行为指南在实践中发挥着重要的作用。2019 年 4 月发布的《互联网个人信息安全保护指南》对生物识别信息的采集和披露作出重要指引。《信息安全技术　个人信息安全规范》于 2020 年 10 月 1 日正式实施，其完善了个人生物识别信息在收集、存储、共享等方面的保护要求。2021 年 4 月，国家市场监督管理总局、国家标准化管理委员会发布《信息安全技术　人脸识别数据安全要求》征求意见稿，对人脸识别数据在收集、存储、使用及委托处理、共享、转让、公开披露环节的处理提出了更细化的安全要求。2022 年，上海市在全国范围内率先立项人脸识别地方标准《公共场所人脸识别分级分类应用规范》的编制工作，旨在推动生物特征识别等人工智能技术的标准化应用。

生物特征识别相关产业的行业自律也成为规范技术发展的重要力量。2020 年 1 月，中国支付清算协会印发《人脸识别线下支付行业自律公约（试行）》，对人脸识别技术在金融支付领域的应用做出了安全管理、终端管理、风险管理及用户权益保护方面的有益探索。2021 年 4 月，中国信息通信研究院发起"可信人脸识别守护计划"（以下简称"护脸计划"），旨在通过技术可信标准制定、评估测试透明化与行业自律公约发起等方式回应社会关切，构建安全、健康、可行的人脸识别行业生态。截至 2022 年 7 月，已有 144 家成员单位加入"护脸计划"①。

5.1.2　生物特征识别技术的规范分布

生物特征识别技术正在成为国家科学与技术发展的重要内容。2005 年 12 月，国务院印发《国家中长期科学和技术发展规划纲要（2006—2020 年）》，

---

① 中国信通院"护脸计划"一周年，首次发布相关生态合作方案［EB/OL］.（2022-07-21）［2023-10-08］. https://c.m.163.com/news/a/HCQAOPKP051492T3.html.

提出要"重点研究开发个体生物特征识别、物证溯源、快速筛查与证实技术以及模拟预测技术",将生物特征识别技术的研究与应用纳入中国科学与技术发展的中长期目标中。2016 年 11 月,国务院印发《"十三五"国家战略性新兴产业发展规划》,提出:"加快人工智能支撑体系建设。推动类脑研究等基础理论和技术研究,加快基于人工智能的计算机视听觉、生物特征识别、新型人机交互、智能决策控制等应用技术研发和产业化。"2019 年 9 月,科技部印发《国家新一代人工智能创新发展试验区建设工作指引》,强调"适应人工智能发展特点和趋势,强化创新链和产业链深度融合,大力推动人工智能在经济社会领域的应用"。

生物特征识别技术在公共治安、金融支付、身份管理、社保身份识别、就医服务、园区管理、基层防疫等场景受到关注,相关部门已出台众多相应的规范文件,这些文件与前述规范框架共同构成我国生物特征识别技术的规范体系。

1. 公共治安

生物特征识别技术在公共治安领域的应用,不仅被用来提升针对违法犯罪行为的预警处置能力,还被用来提升公共安全执法效率、规范公正文明执法。

2015 年 12 月,国务院办公厅发布《国家标准化体系建设发展规划(2016—2020 年)》,提出要"建立健全公共安全基础国家标准体系",开展"全国视频联网与应用和人体生物特征识别应用"等领域的标准研究。2017 年 7 月,国务院发布《新一代人工智能发展规划》,提出:"推动构建公共安全智能化监测预警与控制体系。围绕社会综合治理、新型犯罪侦查、反恐等迫切需求,研发集成多种探测传感技术、视频图像信息分析识别技术、生物特征识别技术的智能安防与警用产品。"2019 年 12 月,公安部发布《关于进一步推进严格规范公正文明执法的意见》,要求:"推动网上执法办案信息系统升级改造,研发应用智能证据收集和审查判断指引、行政案件裁量智能辅助等功能模块,完善电子签名和电子指纹捺印、电子卷宗、智能笔录、语音识别转换、远程示证、远程讯问等功能和手段,提升智能水平,助力民警办案。"生物识别信息的保护也受到重视。2019 年 4 月,公安部等发布《互联网个人信息安全保护指南》,第 3.1 条明确"个人生物识别信息"属于"个人信息",第 6 条进一步设定两项专门保护规则："6.1 e）个人生物识别信息应仅收集和使用摘要信息，避免收集其原始信息；6.7 f）不得公开披露个人生物识别信息和基因、疾病等个人生理信息。"

2.金融支付

生物识别信息采集上的便利性使生物特征识别技术在金融领域得到广泛实践。相关政策文件的目标正在由初期的推广技术应用，向推广技术应用与提升技术安全并举的方向发展。

在金融支付领域，生物特征识别技术在政策文件的指导下已经得到广泛推广与应用。2007年6月，中国人民银行发布《金融机构客户身份识别和客户身份资料及交易记录保存管理办法》，对金融机构客户身份识别和信息记录等要求进行了细致规范。2015年12月，中国人民银行印发《关于改进个人银行账户服务 加强账户管理的通知》，指出："提供个人银行账户开立服务时，有条件的银行可探索将生物特征识别技术和其他安全有效的技术手段作为核验开户申请人身份信息的辅助手段。"

2017年11月，商务部、国家标准化管理委员会发布《网络零售标准化建设工作指引》，提出："支持发展安全、便捷、高效的电商支付服务，针对新支付场景建立安全支付服务使用标准规范。研制支付码在安全识别、风险防范、保险理赔等应用环节的相关服务标准。推动建立利用生物识别进行安全支付的标准规范。"2019年10月，商务部发布《数字商务企业发展指引（试行）》，提出："应用生物识别、虚拟现实、增强现实等感知类信息技术，优化登录、认证、购物、验货、支付等场景，便捷购物流程，提升消费体验，保障交易安全。"

2017年12月，中国人民银行印发《关于优化企业开户服务的指导意见》，提出："鼓励银行将人脸识别、光学字符识别（OCR）、二维码等技术手段嵌入开户业务流程，作为读取、收集以及核验客户身份信息和开户业务处理的辅助手段。"中国人民银行同月印发的《条码支付业务规范（试行）》则对金融机构客户生物特征信息的使用进行了规范。文件规定，关于"客户本人生物特征要素，如指纹等"，"银行、支付机构应当确保采用的要素相互独立，部分要素的损坏或者泄露不应导致其他要素损坏或者泄露"；还规定"采用客户本人生物特征作为验证要素的，应当符合国家、金融行业标准和相关信息安全管理要求，防止被非法存储、复制或重放"。2018年2月，中国银行业协会发布《关于做好春节期间银行业金融服务的倡议》，建议："采取远程开户、人脸识别等金融科技手段提供多种服务方式，增强客户体验，有效提升智能化、信息化、远程化服务能力。"2020年2月，中国人民银行发布新版《网上银行系统信息安全通用规范》，提出"高风险业务可组合选用三类要素对交易进行验证，其中第三类是客户本人生物特征要素，例如，指纹、虹膜等"。中国银行保险监督管理委员会于2020年7月发布《商业银行互联网贷款管理暂行办法》，第十八条规定："商业银行应当按照反洗钱和反恐怖融资等要求，通过构建身份认证模型，采取联网核查、生物识别等有效措施识别客户，线上对借款人的身份数据、借款意愿进行核验并留存，确保借款人的身份数据真实有效，借款人的意思表示真实。"

生物特征识别技术正在与金融业的发展趋势深度融合。2017年6月，中国人民银行印发《中国金融业信息技术"十三五"发展规划》，提出："信息技术与金融业务深度融合已成为必然趋势……云计算、大数据、移动互联、物联网、生物识别、人工智能、区块链等新技术在金融领域的探索与应用，网络借贷、网络众筹、第三方支付等互联网金融新模式不断涌现，金融机构经营模式和服务模式正发生深刻变革。在互联网时代背景下，金融机构可以充分利用先进技术，推动创新发展，不断优化业务流程和服务手段，推进技术架构转型升级。"

2019年8月，中国人民银行印发《金融科技（FinTech）发展规划（2019—2021年）》，提出："健全网络身份认证体系。构建适应互联网时代的移动终端可信环境，充分利用可信计算、安全多方计算、密码算法、生物识别等信息技术，建立健全兼顾安全与便捷的多元化身份认证体系，不断丰富金融交易验证手段，保障移动互联环境下金融交易安全，提升金融服务的可得性、满意度与安全水平。"文件还提出："完善金融产品供给。强化需求引领作用，主动适应数字经济环境下市场需求的快速变化，在保障客户信息安全的前提下，利用大数据、物联网等技术分析客户金融需求，借助机器学习、生物识别、自然语言处理等新一代人工智能技术，提升金融多媒体数据处理与理解能力，打造'看懂文字''听懂语言'的智能金融产品与服务。"

2019 年 12 月，中国银行保险监督管理委员会发布《关于推动银行业和保险业高质量发展的指导意见》，提出："增强金融产品创新的科技支撑。银行保险机构要夯实信息科技基础，建立适应金融科技发展的组织架构、激励机制、运营模式，做好相关技术、数据和人才储备。充分运用人工智能、大数据、云计算、区块链、生物识别等新兴技术，改进服务质量，降低服务成本，强化业务管理。"2020 年 8 月，国务院发布《中国（湖南）自由贸易试验区总体方案》，提出："支持金融机构运用区块链、大数据、生物识别等技术提升金融服务能力。"

随着生物特征识别技术的推广和应用，加强对此类信息的保护成为紧迫的挑战。2020 年 2 月，《中国人民银行关于发布金融行业标准做好个人金融信息保护技术管理工作的通知》，要求对金融领域采集的个人金融信息提供保护，具体提到"指纹、人脸、虹膜、耳纹、掌纹、静脉、声纹、眼纹、步态、笔迹等生物特征样本数据、特征值与模板"，并于第 6.1.4.3 条要求"不应公开披露个人生物识别信息"，同时第 6.1.3 条对生物识别信息的保存也设定了必要原则——"受理终端、个人终端及客户端应用软件均不应存储银行卡磁道数据（或芯片等效信息）、银行卡有效期、卡片验证码（CVN 和 CVN2）、银行卡密码、网络支付密码等支付敏感信息及个人生物识别信息的样本数据、模板，仅可保存完成当前交易所必需的基本信息要素，并在完成交易后及时予以清除"——也就是说，对生物识别信息的保存应以完成当前交易所必需为限。2020 年 3 月，中国证券监督管理委员会修订了《证券期货市场诚信监督管理办法》，第九条对采集生物识别信息建立诚信档案设置了禁止性规定："诚信档案不得采集公民的宗教信仰、基因、指纹、血型、疾病和病史信息以及法律、行政法规规定禁止采集的其他信息。"社会组织也发布自治文件强化行业自律。2020 年 1 月，中国支付清算协会发布《人脸识别线下支付行业自律公约（试行）》，旨在"规范人脸识别线下支付（以下简称刷脸支付）应用创新，防范刷脸支付安全风险，保障会员单位合法权益，维护社会公众利益"。

3. 身份管理

随着各地数字政府建设的加速，基于生物特征识别技术的身份管理将成为未来数字政府与市场、社会沟通互联的基础，从而协助提升行政管理的效率，优化公共服务的提供。

生物特征识别技术可以提高身份信息核验效率。2011年10月审议通过的修正后的《居民身份证法》规定二代居民身份证要加载个人指纹信息，从而确定了生物特征识别技术在身份管理领域大规模应用的发展趋势。2015年12月，国务院办公厅发布《关于解决无户口人员登记户口问题的意见》，提出："要升级完善人口信息系统，加强对无户口人员人像、指纹信息备案和比对核验，确保登记身份信息的准确性和户口的唯一性。"2016年12月，国务院办公厅发布《关于加强个人诚信体系建设的指导意见》，进一步要求："推动居民身份证登记指纹信息工作，实现公民统一社会信用代码全覆盖。"2017年1月，公安部发布公告称："根据《中华人民共和国出境入境管理法》有关规定，经国务院批准，公安部决定在入境检查时留存外国人指纹等人体生物识别信息。"2018年8月6日，国务院办公厅印发《港澳台居民居住证申领发放办法》，第三条将"指纹信息"纳入港澳台居民居住证登载的内容。

"放管服"改革的深入也为生物特征识别技术在行政服务中的身份认证环节提供了城市政务服务的应用场景。2016年4月，国家发展改革委等10个部门联合印发《推进"互联网+政务服务"开展信息惠民试点实施方案重点任务分工》，强调"在试点城市范围内初步建立面向社会公众的融合多渠道的统一网络身份识别认证机制，联通整合实体政务服务大厅、政府网站、移动客户端、自助终端、服务热线等不同渠道的用户认证，形成基于公民身份号码的线上线下互认的群众办事统一身份认证体系"。2016年9月，国务院印发《关于加快推进"互联网+政务服务"工作的指导意见》，要求"推进政府部门各业务系统与政务服务平台的互联互通，加强平台间对接联动，统一身份认证，按需共享数据……"。2017年5月国务院办公厅印发《政府网站发展指引》，要求"利用语音、图像、指纹识别等技术，鉴别用户身份，提供快捷注册、登录、支付等功能"。2018年7月，国务院发布《关于部分地方优化营商环境典型做法的通报》，支持"用户通过人脸识别等方式完成实名认证，即可全平台办理一系列民生服务"的做法。2019年2月，国务院办公厅发布《关于压缩不动产登记办理时间的通知》，要求："充分利用互联网、大数据、人脸识别、在线支付等技术，推行'互联网+不动产登记'。"2020年3月，住房和城乡建设部发布《关于提升房屋网签备案服务效能的意见》，提出："积极推行'互联网大厅'模式，鼓励使用房屋交易电子合同，利用大数据、人脸识别、电子签名、区块链等技术，加快移动服务端建设，实现房屋网签备案掌上办理、不见面办理。"2020年6月，国务院发布《关于做好自由贸易试验区第六批改革试点经验复制推广工作的通知》，提出："服务对象可依托企业登记信息远程核实系统，经人脸识别技术核准，并通过视频进行基本信息查询及意思表示确认后，依法办理股权转让登记。"

4. 社保身份识别

数字技术对人们生活的深度渗透已经引发社会对"代际数字鸿沟"的担忧。生物特征识别技术在社保领域的推广应能够帮助社会克服上述担忧，提升老年人对数字技术的获得感。

2016年11月，人力资源和社会保障部印发了《关于"互联网＋人社"2020行动计划的通知》，提出"依托社保卡及持卡库，构建全国统一的个人身份认证平台……结合生物特征识别技术，进一步提高身份认证的准确度与方便性"，并提出"借助移动互联网、生物特征识别等技术，推进待遇享受资格远程认证"。2019年3月，国务院办公厅发布《关于推进养老服务发展的意见》，提出："促进人工智能、物联网、云计算、大数据等新一代信息技术和智能硬件等产品在养老服务领域深度应用。在全国建设一批'智慧养老院'，推广物联网和远程智能安防监控技术，实现24小时安全自动值守，降低老年人意外风险，改善服务体验。运用互联网和生物识别技术，探索建立老年人补贴远程申报审核机制。加快建设国家养老服务管理信息系统，推进与户籍、医疗、社会保险、社会救助等信息资源对接。加强老年人身份、生物识别等信息安全保护。"2020年11月，国务院办公厅印发《关于切实解决老年人运用智能技术困难的实施方案》，提到在疫情期间，"在充分保障个人信息安全前提下，推进'健康码'与身份证、社保卡、老年卡、市民卡等互相关联，逐步实现'刷卡'或'刷脸'通行"，尤其在与老年人有较多关联性的场所，如老年人网上就医，应"鼓励在就医场景中应用人脸识别等技术"，帮助老年人增强技术和服务可得性。

5. 行业监管

在行业监管方面，相关政策文件以提升监管效能为目标，利用生物识别信息的人身属性，将生物特征识别技术发展成为政府进行各领域监管的重要工具。

2015年11月，公安部、交通运输部发布《关于推进机动车驾驶人培训考试制度改革的意见》，提出："推广使用全国统一的考试评判和监管系统，完善考试音视频、指纹认证、人像识别、卫星定位系统等监管手段，推行考试全程使用执法记录仪，实现对考试过程、考试数据实时监控和事后倒查。"

2016年12月，工业和信息化部发布《软件和信息技术服务业发展规划（2016—2020年）》，提出在"推动电子认证与云计算、大数据、移动互联网、生物识别等新技术的融合"的同时，"加强个人数据保护、可信身份标识保护、身份管理和验证系统等领域核心技术研发和应用推广"。

2019年1月，中国网络视听节目服务协会发布《网络短视频平台管理规范》，提出："网络短视频平台应当采用新技术手段，如用户画像、人脸识别、指纹识别等，确保落实账户实名制管理制度。"

2019年2月，国家医疗保障局发布《关于做好2019年医疗保障基金监管工作的通知》，提出："探索推进人脸识别等新技术手段，实现监管关口前移。"

2019年2月，住房和城乡建设部、人力资源和社会保障部印发《建筑工人实名制管理办法（试行）》，提出："建筑企业应配备实现建筑工人实名制管理所必需的硬件设施设备，施工现场原则上实施封闭式管理，设立进出场门禁系统，采用人脸、指纹、虹膜等生物识别技术进行电子打卡。"

2019年3月，工业和信息化部发布《关于开展互联网信息服务备案用户真实身份信息电子化核验试点工作的通知》，鼓励"参与试点的网络接入服务提供者可采用'人脸识别''唇语识别''动作识别'等技术手段，采集确认ICP备案主体真实身份信息，并与其提供的主体身份证件、权威库留存的主体身份证件进行交叉比对"。

2019年5月，住房和城乡建设部发布《关于建立健全住房公积金综合服务平台的通知》，提出："建立可靠的身份认证机制。对单位用户，采用第三方数字证书（如网银盾）、短信验证码等认证方式。对个人用户，采取身份证号码、银行卡校验、生物识别、短信验证码等多因素交叉核验措施，全面实施网上身份实名认证，逐步实现实人认证。"

2019年5月，国家医疗保障局发布《关于开展医保基金监管"两试点一示范"工作的通知》，提出："推广视频监控、人脸识别等新技术应用，开展药品进销存适时管理，完善医保基金风控体系。"

2020年1月，公安部印发《接受交通安全教育减免道路交通安全违法行为记分工作规范（试行）》，明确"公安机关交通管理部门互联网学习考试平台应当具备通过人脸识别等技术手段对用户身份进行确认的功能"。

2020年4月，《民政部办公厅关于全面应用人脸识别技术提升流浪乞讨人员救助管理服务能力的通知》充分肯定人脸识别技术在加强和创新社会治理、提高救助管理效能方面的重要作用，强调"提高认识，高度重视人脸识别技术应用工作"。此外，该通知强调"严格管理，规范人脸识别技术使用流程"，对救助过程中人脸识别技术的操作程序、人像录入标准、数据研判、信息安全保障和成果应用等进行了规范。

2020年4月，教育部发布《关于做好2020年全国硕士研究生复试工作的通知》，提出："积极运用'人脸识别''人证识别'等技术，并通过综合比对'报考库''学籍学历库''人口信息库''考生考试诚信档案库'等措施，加强对考生身份的审查核验，严防复试'替考'。"

2020年5月，交通运输部发布《关于深化开展道路客运电子客票试点工作的通知》，提出："具备条件的试点客运站应通过'人脸识别'系统检票乘车。"

2020年7月，国务院发布《深化医药卫生体制改革2020年下半年重点工作任务的通知》，提出："开展基于大数据的医保智能监控，推广视频监控、人脸识别等技术应用，探索实行省级集中监控。"

公安部于2020年8月修订的《公安机关办理行政案件程序规定》，提出："对违法嫌疑人，可以依法提取或者采集肖像、指纹等人体生物识别信息；涉嫌酒后驾驶机动车、吸毒、从事恐怖活动等违法行为的，可以依照《中华人民共和国道路交通安全法》《中华人民共和国禁毒法》《中华人民共和国反恐怖主义法》等规定提取或者采集血液、尿液、毛发、脱落细胞等生物样本。人身安全检查和当场检查时已经提取、采集的信息，不再提取、采集。"

教育部于 2020 年 8 月发布《关于做好 2020 年全国成人高校招生工作的通知》，提出在招生过程中"通过'人脸识别'等技术严防冒名顶替"。教育部 2020 年 10 月发布《关于做好 2021 年普通高校部分特殊类型招生工作的通知》，提出："要严把考试入口关，通过'人脸识别''人证识别'等技术措施，严防考生替考。"

2020 年 11 月，国家广播电视总局发布《关于加强网络秀场直播和电商直播管理的通知》，提出："通过实名验证、人脸识别、人工审核等措施，确保实名制要求落到实处，封禁未成年用户的打赏功能。"

国务院于 2020 年 11 月修订的《保安服务管理条例》第十六条提出："申请人经设区的市级人民政府公安机关考试、审查合格并留存指纹等人体生物信息的，发给保安员证。"

2020 年 12 月，国家卫生健康委员会与公安部发布《关于依托全国一体化在线政务服务平台做好出生医学证明电子证照应用推广工作的通知》，提出："签发出生医学证明时，可应用一体化平台实人认证（人脸识别）功能，'刷脸'比对新生儿父母身份证件，也可使用身份证阅读器对居民身份信息进行人脸比对，加强识别核验，确保'人''证'一致，防范拐卖儿童和非法领养儿童的不法分子冒领出生医学证明。"

2020 年 12 月，国家能源局、生态环境部共同发布《关于加强核电工程建设质量管理的通知》，提出："建立现场人员识别和定位系统。施工单位要落实施工人员实名制管理要求，建立并管理施工人员基本信息、从业信息、诚信信息，并向建设单位和总包单位备案。建设单位、总包单位要组织各参建单位统筹配备必要的硬件设施设备，对进入工程现场的人员，采用人脸、虹膜等生物识别技术进行电子打卡，采用移动定位、电子围栏等技术对作业人员进行提醒和监督。"

6. 就医服务

生物特征识别技术在医疗卫生领域逐渐得到重视与推广。就医服务是基础性的公共服务，生物特征识别技术在此领域的应用能够改善医疗机构的服务效能，提升人民群众的获得感。

2016 年 7 月，原国家食品药品监督管理总局发布《关于发布临床试验数据管理工作技术指南的通告》，其中第十四条为受试者的隐私提供保护："临床试验受试者的个人隐私应得到充分的保护，受保护医疗信息包含：姓名、生日、单位、住址；身份证/驾照等证件号；电话号码、传真、电子邮件；医疗保险号、病历档案、账户；生物识别（指纹、视网膜、声音等）；照片；爱好、信仰等。"该条明确要求对指纹、视网膜、声音等生物识别信息提供充分保护。2017 年 12 月，国家中医药管理局印发《关于推进中医药健康服务与互联网融合发展的指导意见》，强调"创新中医医疗服务模式"，尤其要"支持人工智能辅助诊断、多种生物特征识别、中医专家系统等建设，开展互联网延伸医嘱等服务应用"。2019 年 12 月，国家卫生健康委办公厅印发了《关于开展"互联网 + 护理服务"试点工作的通知》，提出"鼓励有条件的试点医疗机构通过人脸识别等人体特征识别技术加强护士管理，并配备护理记录仪"，还提出，为积极应对和防控医疗风险，试点地区和试点医疗机构可以"购买/共享公安系统个人身份信息或通过人脸识别等人体特征识别技术进行比对核验"。2020 年 12 月，国家医疗保障局印发《关于坚持传统服务方式与智能化服务创新并行优化医疗保障服务工作的实施意见》，也提及应"提供更多智能化适老服务……鼓励在就医场景中应用人脸识别等技术"。

7. 园区管理

各部门也在各自管理领域对生物特征识别技术的应用进行了要求和规定，以推动技术应用，提升行政效率。2019 年 11 月，国家发展改革委、中央组织部、教育部等九部门发布《关于改善节假日旅游出行环境促进旅游消费的实施意见》，提出："推广景区警务室建设，增设报警点和求助电话，使用人脸识别技术，完善警务运行模式。"2019 年 11 月，国家林业和草原局印发《关于促进林业和草原人工智能发展的指导意见》，鼓励人脸识别等生物特征识别技术在智能公共服务和景区管理中的应用，提升智慧化管理水平。

8. 基层防疫

生物特征识别也在疫情期间发挥了重要作用。2020 年 3 月，民政部办公厅、中央网信办秘书局、工业和信息化部办公厅、国家卫生健康委办公厅联合印发《新冠肺炎疫情社区防控工作信息化建设和应用指引》，要求各地推进社区防控信息化建设和应用工作，尤其提到对各社区出入人员进行人脸识别的身份认证和管理。

总之，随着生物特征识别技术在人们生活中得到普遍应用，该项技术对个人信息及隐私的潜在威胁同样引发政府的重视，上述政策文件对生物识别信息的保护性要求有利于提升社会对该项技术的接受度和容忍度，进而便于新技术的推广与应用。

5.1.3　生物特征识别技术规范体系的特征

第一，从规范目的来看，早期的生物特征识别技术相关规范以扩展该项技术的应用为主要目的，近年来对生物识别信息的保护开始获得重视。我国关于生物特征识别技术的最早规范出现在刑事司法领域。1950 年 2 月，《最高人民法院对北京市人民法院 1949 年审判工作总结和该院组织机构及工作概况报告的批示》中，最高人民法院曾明确要求：看守所今后的改进应该包括"加强对于犯人的控制，应增加照相、指纹等工作"。1957 年 4 月，《最高人民法院关于刑事被告人是否在笔录上捺指印问题的批复》指出：经被告人看过或者向他宣读过的笔录，应让被告人签名或者盖章（或者用捺指印代替签名、盖章）。2012 年《中华人民共和国刑事诉讼法》修订时，第一百三十二条在 1996 年版本第一百零五条基础上，增加了授权负责刑事调查的机关"可以提取指纹信息，采集血液、尿液等生物样本"的内容并沿用至今。但同时对生物识别信息的保护被越来越多地强调，如前已提及的 2021 年生效的《个人信息保护法》，将生物特征识别信息作为敏感信息对待，规定处理生物特征识别信息需要获得数据主体的单独同意，并应当"向个人告知处理敏感个人信息的必要性以及对个人权益的影响"。

第二，从规范内容来看，对生物识别信息的保护以"告知－同意"制度为基础，主要通过增加告知的内容、提高获得同意的门槛、细化目的要求和必要性要求等制度微调进行保护。《个人信息保护法》要求处理生物识别信息应当获得个人的单独同意，并应当向个人告知处理此生物识别信息的必要性以及对个人权益的影响，若信息主体是未成年人，还需要获得其父母或其他监护人的同意。部委规章会结合特定场景对上述制度进行细化，比如在汽车数据处理的场景下,《汽车数据安全管理若干规定（试行）》（第九条）对上述要求进行了一定的细化,明确仅在"具有增强行车安全的目的和充分的必要性"的条件下,方可收集生物识别信息。一些地方性法规也继承了《个人信息保护法》的规定。如《深圳经济特区数据条例》（第十九条）规定,数据处理者在获得信息主体明示同意的基础上,"还应提供处理其他非生物识别数据的替代方案"。

　　第三,从规范形式来看,保护及利用生物识别信息的条款皆分散地位于文本之中,尚没有形成关于生物识别信息的专门规范文本。一种情况,对生物识别信息的规定以列举具体的生物特征信息来实现。如最高人民法院于2013年10月印发的《关于建立健全防范刑事冤假错案工作机制的意见》提出:"现场遗留的可能与犯罪有关的指纹、血迹、精斑、毛发等证据,未通过指纹鉴定、DNA鉴定等方式与被告人、被害人的相应样本作同一认定的,不得作为定案的根据。"该类规范文本并未将生物识别信息作为一个概括整体来规范。另一种情况,概括性地规范对生物识别信息的利用或保护,但将相关条款嵌入个人信息及数据保护的规范文本之中。如《民法典》《个人信息保护法》皆采用此种模式。上述两种规范形式的共同点都是相关条款较为分散,这也会导致规范内容的碎片化。

5.2　中国生物特征识别技术规范体系的问题与完善策略

　　我国生物特征识别技术的规范体系尚存在利用性法规与保护性法规比例失衡、保护生物识别信息的规范内容难以适应新技术的发展、生物识别信息的保护与利用如何平衡缺乏统筹考虑这三方面的问题。完善生物特征识别技术的规范体系,需要确立恰当的伦理基础,并结合场景化原则推动多元主体沟通商谈以划定个人信息及隐私保护的边界。我国司法审判实践在此方面已经做出了探索。未来还应健全生物特征识别信息保护相关法律法规,提供平衡保护信息与技术利用的顶层设计。

5.2.1　生物特征识别技术规范体系的问题

　　习近平总书记在中国科学院第二十次院士大会、中国工程院第十五次院士大会、中国科学技术协会第十次全国代表大会上指出："科技是发展的利器，也可能成为风险的源头。要前瞻研判科技发展带来的规则冲突、社会风险、伦理挑战，完善相关法律法规、伦理审查规则及监管框架。"近年来，相关部门针对生物特征识别技术的各个应用领域逐步建立了相关法律法规体系，但仍存在以下三方面的主要问题。

第一，生物识别信息的利用性法规与保护性法规比例失衡。涉及生物特征识别信息的绝大部分规范为利用性法规，且覆盖了公共治安、金融支付、身份管理、社保识别、就医服务、园区管理、基层防疫等多个领域，而保护性法规数量有限。虽然《民法典》《数据安全法》《个人信息保护法》等一系列新颁布的法律法规开始对生物特征识别信息提供概括性保护，但无论是从条款数量还是条款的成熟度来看，保护性规范都弱于利用性规范。两类法规的失衡，折射出我国关于生物特征识别信息的规制架构尚不成熟的现状，既不利于生物特征识别信息的有效应用与产业发展，亦难以为自然人生物特别识别信息的保护提供必要支撑。

第二，保护生物识别信息的规范内容难以适应新技术的发展。"告知－同意"制度源于20世纪70年代兴起的"公平信息实践"（fair information practices，FIPs）的制度框架，而随着21世纪第四次工业革命的发展，如今对信息的采集与处理已经遍在，在此情况下依靠"告知－同意"制度来支撑对生物识别信息的保护，不仅无法真正保护个人信息的安全，而且会对技术利用造成明显障碍。特别是进入风险社会和老龄化社会，在国家安全、公共治安、公共服务等多领域皆需要利用数字技术，尤其是生物特征识别技术，来形成人机和谐互动的技术及产业生态，以帮助提升政府的治理效能并克服数字鸿沟，而现行的传统且简化的生物识别信息保护制度尚不足以回应上述需求。

第三，对于生物识别信息的保护与利用如何平衡缺乏统筹考虑。关于生物识别信息的各类规范分散在不同的文本之中，并且由于生物识别信息内部的异质性，不同类型的生物识别信息也受到不同程度的保护或利用。此种分散规制的现象在生物识别信息开发利用的早期尚可存续，但随着生物特征识别技术日益发展成为政府进行社会治理的数字基础设施，缺乏对生物识别信息的保护及利用进行统筹设计，使如何平衡二者之间的张力面临共识不足的困境。在规范体系无法提供系统性的规范预期的情况下，无论是生物识别信息的保护者还是开发者，都可能在保守避责与轻视风险两端之间做大幅度摇摆，这会为生物识别信息的保护及利用带来巨大的不确定性。

5.2.2　如何完善生物特征识别技术的规范体系

1. 规范生物特征识别技术的伦理基础

对现有生物特征识别技术及信息相关法律规范体系的完善，应当以对其伦理规则的思考为前提。相比于一般个人信息，生物识别信息在内容上具有更强的人格属性，在形式上亦具有不可变更性和唯一性特征，这使现行法律规范体系对于生物特征识别技术的应用设置了高于一般个人信息保护的伦理规则。此种伦理规则主要以二分的视角强调个人与社会的分割，尤其是个人隐私与社会的隔绝，隐私权成为对抗公共领域对个人私域的入侵的法律盾牌，因此在制度设计上强调个人对生物识别信息保持全流程控制[①]。另一种竞争性的哲学范式则反对个人与社会的割裂，主张应当摒弃对抗思维，在隐私主体在与社会多元主体持续沟通商谈中动态确定隐私边界，以顺应信息的高效流通现状。因此其制度设计以划定不同层级的信任关系为前提，在具体场景之下匹配不同程度的隐私保护策略[②]。此两种应用伦理规则可相互结合，灵活应用于处于不同场景下的不同类型的生物特征识别技术。

（1）个人－社会二分视角下的伦理规则

在 1890 年隐私权被首次提出时，其被定义为个体"保持独处的权利"（right to be let alone）[③]，强调以个人为中心与本位。在洛克哲学的思想中，隐私权意味着个人以财产的形式占有自己的隐私，而排除他人及社会的侵犯[④]。基于康德哲学的另一派思想家认为，隐私权更强调个人人格的自我决定，与人格的自由意志相关联，"隐私是人作为人的完整性"[⑤]。这两派哲学思想皆强调对人格尊严的保障，二者在当代汇流，分别从消极和积极两个维度对人格尊严提供

---

① 余成峰. 信息隐私权的宪法时刻规范基础与体系重构 [J]. 中外法学，2021，33（1）：32–56.

② 丁晓东. 什么是数据权利？——从欧洲《一般数据保护条例》看数据隐私的保护 [J]. 华东政法大学学报，2018，21（4）：39–53.

③ BRANDEIS L, WARREN S. The right to privacy [J]. Harvard Law Review，1890，4（5）：193–220.

④ RICHARDSON J. Law and the Philosophy of Privacy [M]. London：Routledge，2015.

⑤ FRIED C. Privacy [A moral analysis] [M] //SCHOEMAN F D. Philosophical dimensions of privacy: an anthology. Cambridge: Cambridge University Press，1984：203–222.

支撑，以保护个人始终保有不受外界侵扰的私域，在此私域内，其能够自主独享特定的私密信息，从而维持自身的尊严。具体到制度层面，就表现为当今被普遍应用的"告知－同意原则"（notice and consent framework）。然而，网络和数字技术的发展，导致公域与私域的界限崩溃，如何借助法律手段重构私域的屏障成为新时代背景下的重大命题[①]。

2020 年 3 月，国家市场监督管理总局和国家标准化管理委员会共同发布的《信息安全技术 个人信息安全规范》对个人生物识别信息保护规则进行了具体规定。其将个人生物识别信息列为个人敏感信息，认为"一旦泄露、非法提供或滥用可能危害人身和财产安全，极易导致个人名誉、身心健康受到损害或歧视性待遇"。鉴于此，个人生物识别信息需要受到特别保护。

具体而言，该规范从以下几方面对个人生物识别信息进行保护。第一，政策制定。个人信息控制者在制定个人信息保护政策时，需要"明确标识或突出显示"关于个人生物识别信息的政策内容。第二，信息收集。收集一般个人信息，皆需个人信息主体授权同意，而收集个人生物识别信息，要"单独向个人信息主体告知收集、使用个人生物识别信息的目的、方式和范围，以及存储时间等规则，并征得个人信息主体的明示同意"。此即"单独告知＋明示同意"规则。第三，信息存储。个人信息控制者在存储个人信息时，要将个人生物识别信息与个人身份信息分开存储，并且在原则上"不应存储原始个人生物识别信息（如样本、图像等）"，而应采用"摘要信息"存储，或终端直接使用个人生物识别信息实现身份识别、认证等功能，并要求在使用面部识别特征、指纹、掌纹、虹膜等实现身份识别、认证等功能后删除可提取个生物识别信息的原始图像。简言之，个人生物识别信息的存储需要遵循最小必要原则。第四，信息流动。个人生物识别信息在原则上也被禁止"共享、转让"。对于由于业务需要而确实有必要共享、转让的，都应当再次"单独向个人信息主体告知目的、涉及的个人生物识别信息类型、数据接收方的具体身份和数据安全能力等，并征得个人信息主体的明示同意"。第五，信息披露。一般个人信息在原则上被禁止披露，但允许例外，而个人生物识别信息，则被绝对禁止披露。

---

① 劳东燕.个人信息法律保护体系的基本目标与归责机制［J］.政法论坛，2021（6）：3-17.

我国现有的法律规范体系，对个人生物识别信息提供了高于一般个人信息的保护，核心理念在于对抗公共领域对个人私域的入侵，始终确保个人对自身生物识别信息的全流程控制。需要反思的是，此种"被控制的隐私"理念，其实预设了 20 世纪主要源自大众媒体、电子数据库等技术维度的隐私威胁。随着新兴技术的发展，"信息隐私权已开始从原子化、孤立化、隔离化的'独处'与'秘密'概念，不断转向回应信息连带关系的接近与'亲密'概念"。具体而言，新兴技术的发展使对数据的发掘实现实时化，通过持续互联捕捉碎片化的数据，机器不仅仅能感知环境（读取文本），更能折返于环境（预测并应用结果）、建立反馈（比较预测结果和实际结果）、重新配置算法程序并改进表现，并能基于过去的数据推断人们未来的行为①。这一方面对个人隐私构成了更大的挑战，另一方面也意味着信息的流动已经成为必然趋势。个人信息难以像传统社会中一样被绝对控制，因而有必要发展出能够顺应信息流动的新的伦理规则。

（2）个人–社会融合视角下的伦理规则

突破传统的个人–社会的二分视角，意味着需要结合具体的场景、特定的生物识别信息以及专门的生物识别技术具象化地确定规范生物识别信息处理的伦理规则。在学理层面，如王利明教授主张采用"权利束"理论解释数据权益②，应当针对利用行为对特定法律权能的归属问题进行具体分析，或者逐项分析利用方式，即采取"use-by-use"方式。具体而言，可以在如下三个维度推进相关规范机制的构建。

第一，微观层面，构建生物识别技术在特定应用场景中的利益权衡框架。

生物识别信息应用的伦理规则，应当以维护个人之人格尊严不受侵犯为底线，并在此基础上尽可能便利信息处理者对个人生物识别信息的开发与利用。借鉴德国法学家阿历克西提出的权重方程以及有学者对数据爬取行为的法律规制研究③，应当权衡处理生物识别信息应用对个体可能造成的损失与对社会整体可能带来的收益。

---

① 余成峰.信息隐私权的宪法时刻规范基础与体系重构［J］.中外法学，2021，33（1）：32–56.

② 王利明.论数据权益：以"权利束"为视角［J］.政治与法律，2022（7）：99–113.

③ 许可.数据爬取的正当性及其边界［J］.中国法学，2021（2）：166–188.

需要注意的是，上述分析框架适用的前提，乃是对个体在特定情境下所受到的损害不应导致对其人格尊严的根本性剥夺，如不应允许特定的个人私密性生物识别信息被社会公众无约束地自由处理。在坚守此底线的基础上，结合个案特定情境进行具体赋值，将生物特征识别信息应用对个体可能造成的损失与对社会整体可能带来的收益进行灵活衡量，从而为生物识别技术的开放适用提供客观、透明的许可规则。

第二，中观层面，鼓励引导特定应用场景下多元主体的商谈，以形成弹性的隐私边界协商机制。

随着技术的不断发展与社会系统及社会场景的不断分化，不同个体对隐私的期待会存在明显的不同，因此在不同场景之下面对不同的生物识别信息以及不同的生物识别技术，隐私的边界会存在较大弹性。立法者难以在宏观层面制定统一的规则，但同时，技术应用与商业开发都需要相对稳定的规则提供指引。为此，需要在中观层面激发多元主体的交流商谈，在特定的共同体中基于具体场景寻求局部共识，进而形成弹性协商机制。由于该类规则并非立法者所制定的具有强制约束力的法律，可以相对弹性地根据具体场景的变化、当事人的变化及技术背景的变化而发生调整。

在此意义上制度设计的关键应该在于如何降低多元主体的沟通成本，有效激发多元主体主动积极地参与地生物识别信息应用规则的形成过程。此处的特定场景，可以是物理空间或地理空间意义上的，比如居民小区；也可以是虚拟空间或网络空间意义上的，比如某 App 平台。具体而言，可以灵活运用软法与硬法手段：一方面，通过国家的正式规范授权此类特定场景中的治理主体以商谈的方式形成此类规则，同时建立针对此类规则的诉讼监督机制，以保障规则形成的民主性、公平性，确保特定场域内形成的规则不会对弱势群体的人格尊严进行掠夺性侵害；另一方面，颁布指导性规范、倡导性规范，引导不同场景下的共同体建立恰当的激励机制，同时对最佳的规则实践持开放态度，促进不同共同体之间规则的学习和扩散。

第三，宏观层面，强化对信息强势者的监督问责，建立可信任的流通环境。

在个人－社会二分的视角下，法律规范主要通过赋予公民围绕个人信息全流程的程序性权利以实现个人对信息的控制，并对抗社会对个人空间的入侵。而随着新兴技术的发展，技术壁垒与服务垄断正在使数据控制者对数据主体的"告知－同意"实践仅具有形式意义。因此，除赋予信息弱势者对个人数据的主观权利外，还应当强化数据控制者的责任，由公共部门对其强化监督，并构建信息强势主体之间的制衡机制，在传统的"告知－同意"机制的基础上，叠加强化对数据控制者的可问责性（accountability）。此外，也应当关注政府作为数据使用者的滥用风险，避免过度依赖数字化和智能化导致缺乏温度的新型"机器官僚主义"的出现①。具体制度设计可从行政法、民法及刑法维度分别展开。

在行政法维度，应当探索建立独立的数据监管机构。通过"一站式"监管，确保数据保护义务在全国范围内的统一适用性，此举既能够强化个人和企业的法律预期，也有利于监管机构高效解决纠纷。例如有学者建议，应当统筹网信、工信、公安、市场监管、一行两会、商务、邮政、文化与旅游等多个部门，协调监管冲突，克服多头监管②。

在民法维度，应当完善民事诉讼机制，并发展惩罚性赔偿制度。现行法律法规对生物识别信息的保护以程序性权利为主，但违反程序性权利侵犯个人的生物识别信息也应当承担民事赔偿责任，此时就需要将程序性违法与民事法律规范中有关实体性权利受到侵犯的保障机制进行恰当嫁接。比如，可以将侵权行为法下的举证责任改为倒置，即由信息处理者证明自己无过错时才可以不承担民事责任，公共机关在进行信息处理后需要承担民事赔偿责任时，也可同样适用举证责任倒置③。考虑到侵犯生物识别信息所导致的损害在短期内难以举证证明，可以借鉴知识产权保护中的"法定赔偿"制度，融入惩罚性赔偿，以增加信息处理者实施权利侵害的成本。

在刑法维度，应当发展基于身份盗窃路径的刑事责任制度。对生物识别信息的侵犯，已区别于刑法既有规定之侵犯公民个人信息罪，而在实质上构成对公民个人身份的窃取，进而威胁其人格尊严，可能进一步延伸出"身份欺诈"（identity fraud）等犯罪行为，因而在程度上更为恶劣。通过身份盗窃的入

① 段伟文．面向智能解析社会的伦理校准［J］．上海交通大学学报（哲学社会科学版），2020（4）：27-33.
② 王锡锌．个人信息国家保护义务及展开［J］．中国法学，2021（1）：145-166.
③ 付微明．个人生物识别信息民事权利诉讼救济问题研究［J］．法学杂志，2020，41（3）：73-81.

罪化，可以补足"公民身份信息"的刑法保护短板，建立公民个人信息的阶梯式刑事保护体系，并特别强化对强势数据处理者侵犯公民生物识别信息的威慑力①。

2. 规范生物特征识别技术的司法探索

司法审判实践能够为针对生物特征识别技术的场景化规制提供实验场域，从而在特定情境下贯彻基于"个人－社会融合视角"的规制策略。这既能够发展既有法律规范体系，提升公民对生物特征识别技术的满意度和信任感；亦能够为各方信息处理者提供明确的规则指引，实现针对生物特征识别信息的充分利用。

在既有法律规范体系存在前述不足的情况下，我国司法审判实践已经在个案层面开始贯彻场景化规制，并尝试基于"个人－社会融合视角"发展个人信息及隐私保护规则，这些司法探索在未来皆可借鉴应用于对生物识别信息的保护及利用。

案例一：北京百度网讯科技公司与朱某隐私权纠纷案②。

在该案中，朱某在上网浏览相关网站过程中发现，利用百度搜索引擎搜索减肥等关键词后，会在其他的网站上出现与这些关键词有关的广告。据此，朱某认为北京百度网讯科技公司侵犯其隐私权。

一审法院审理后认为："隐私权是自然人享有的私人生活安宁与私人信息依法受到保护，不被他人非法侵扰、知悉、搜集、利用和公开的权利。本案中，北京百度网讯科技公司利用 cookie 技术收集朱某信息，并在朱某不知情和不愿意的情形下进行商业利用，侵犯了朱某的隐私权。"③北京百度网讯科技公司不服，提起上诉，二审法院对本案进行了更为细致的场景化分析，其在审理后指出："网络用户通过使用搜索引擎形成的检索关键词记录，虽然反映了网络用户的网络活动轨迹及上网偏好，具有隐私属性，但这种网络活动轨迹及上网偏好一旦与网络用户身份相分离，便无法确定具体的信息归属主体，不再

---

① 李怀胜. 滥用个人生物识别信息的刑事制裁思路：以人工智能"深度伪造"为例［J］. 政法论坛，2020，38（4）：144-154.

② Cookie 隐私第一案终审：法院判百度不构成侵权［EB/OL］.（2015-06-15）［2023-10-08］. https://www.tisi.org/4065.

③ 引自"南京市鼓楼区人民法院（2013）鼓民初字第 3031 号"民事判决书。

属于个人信息范畴。经查，北京百度网讯科技公司个性化推荐服务收集和推送信息的终端是浏览器，没有定向识别使用该浏览器的网络用户身份。虽然朱某因长期固定使用同一浏览器，感觉自己的网络活动轨迹和上网偏好被北京百度网讯科技公司收集利用，但事实上北京百度网讯科技公司在提供个性化推荐服务中没有且无必要将搜索关键词记录和朱某的个人身份信息联系起来。因此，原审法院认定北京百度网讯科技公司收集和利用朱某的个人隐私进行商业活动侵犯了朱某隐私权，与事实不符。"[1]

概括而言，在该案中，二审法院将在具体场景中的技术应用与该场景下引发争议的隐私信息相结合进行分析，得出结论认为，虽然数据处理者确实对隐私信息进行了处理，但却通过 cookie 技术将个人身份和对隐私信息的处理切割分离，既没有伤害人格尊严，又实现了个人数据的经济价值，并未构成对数据主体隐私权的侵犯。

案例二：黄某诉深圳市腾讯计算机系统有限公司侵害隐私权、个人信息权益案[2]。

在该案中，原告黄某在使用"微信读书"App 时，发现该 App 存在下述三方面侵权行为："一是微信将原告的微信好友关系交予微信读书，微信读书获取原告的微信好友关系，侵害了原告的个人信息权益和隐私权；二是微信读书为原告自动关注微信好友，且这些好友可看到被默认公开的原告的读书信息，侵害了原告的个人信息权益和隐私权；三是微信读书在原告与其微信好友并无任何微信读书关注关系的前提下，使原告的微信好友可以在微信读书软件查看原告的读书信息，侵害了原告的个人信息权益和隐私权。"

北京互联网法院审理该案后，提炼下述三方面争议焦点："第一，微信好友关系、读书信息是否属于个人信息和隐私；第二，原告主张的微信读书获取原告微信好友关系、向原告共同使用该应用的微信好友公开原告读书信息、为原告自动关注微信好友并使关注好友可以查看原告读书信息的行为，是否构成对原告个人信息权益或隐私权的侵害；第三，如构成，腾讯公司应当承担的法律责任。"

---

[1]　引自"江苏省南京市中级人民法院（2014）宁民终字第 5028 号"民事判决书。
[2]　北京互联网法院：微信读书、抖音侵犯个人信息［EB/OL］.（2020-07-31）［2023-10-08］. http://legal.people.com.cn/n1/2020/0731/c42510-31805538.html.

对于第一项争议焦点，即微信好友信息、读书信息是否属于个人信息和隐私的问题，法院详细分析了在微信及微信读书的具体应用场景下上述信息与个人身份的连接性，以及各自信息的私密性。其首先指出："微信读书获取的好友列表包含了可以指向信息主体的网络身份标识信息，即从信息到个人；而自然人的微信好友列表，体现了该自然人在微信上的联系人信息，属于从个人到信息，应认定为用户的个人信息。"随后指出，对于上述个人信息是否构成隐私的问题，需要进一步细分三类情形后具体分析："从合理隐私期待维度上，个人信息基本可以划分为几个层次：一是符合社会一般合理认知下共识的私密信息，如有关性取向、性生活、疾病史、未公开的违法犯罪记录等，此类信息要强化其防御性保护，非特定情形不得处理；二是不具备私密性的一般信息，在征得信息主体的一般同意后，即可正当处理；三是兼具防御性期待及积极利用期待的个人信息，此类信息的处理是否侵权，需要结合信息内容、处理场景、处理方式等，进行符合社会一般合理认知的判断。本院综合考虑上述因素判断微信好友列表、读书信息是否属于私密信息。"而对于本案中争议的微信好友列表及读书信息是否构成隐私的问题，便属于难以通过"一刀切"的方式进行回答而应当深入具体场景分别判断的第三类信息，即兼具防御性期待及积极利用期待的个人信息。

在详细比对微信及微信读书的产品定位后，法院认为："从本案实际场景看，还需要结合微信读书收集原告微信好友列表后的进一步使用方式，即向微信好友公开读书信息这一整体行为来评价是否构成侵权。故而，仅就微信读书收集原告微信好友这一单一行为来看，并未构成对原告隐私权的侵害。"然而，对于用户的读书信息，法院认为："这些信息的组合，一定程度上可以彰显一个人的兴趣、爱好、审美情趣、文化修养，可能勾勒刻画出一个人的人格侧面，而这些有关人们精神世界的信息组合恰恰是大量社会评价产生的基础。某些具体或一段时间的阅读信息或习惯，一旦可以形成对人格的刻画，既可能给人带来关注、肯定、赞赏，也可能给人带来困扰、不安、尴尬甚至羞耻感等。在这个几乎各种生活轨迹均被记录并刻画的数字时代，用户应享有通过经营个人信息而自主建立信息化人设的自由，也应享有拒绝建立信息化人设的自由，而这种自由行使的前提是用户清晰、明确地知晓此种自由。"最终法院认定："在未明确告知用户的情况下，网络服务提供者在不同应用中迁移好友关系不符合一般用户的合理预期，向未主动关注的好友默认公开读书信息亦不符合一般用户的合理预期。"

考虑到读书信息构成隐私信息，法院进一步认为，虽然《微信读书软件许可及服务协议》中已经对分享读书信息进行了告知，然而："这些内容不仅没有显著提示，并且，两处好友更容易让一般用户想到的是微信读书软件内的好友，而难以联想到注册微信读书即可在没有微信读书好友关系的情况下，将微信好友关系迁移到微信读书，且读书信息默认被公开。此外，协议直接以无提示的方式规定上述读书信息不属于个人隐私或不能公开的个人信息，意图规避可能存在的侵害个人信息或隐私的风险。因此，关于微信好友列表与读书信息的使用方式，微信读书的告知是不充分的。"法院否定了上述"告知－同意"机制的有效性，最终判决认定"微信读书"App的上述行为构成侵权，要求"被告深圳市腾讯计算机系统有限公司于本判决生效之日停止将原告黄某使用微信读书软件生成的信息（包括读书时长、书架、正在阅读的读物）向原告黄某共同使用微信读书的微信好友展示的行为"。①

简言之，在该案件中，法院综合具体场景下的各方面要素，一方面对读书信息的属性进行了具体分析，另一方面亦基于该属性定位对数据处理者处理个人信息提出了更高的要求，即仅仅通过服务协议概括告知还不够，并未构成"有效的用户'知情－同意'"。

案例三：郭某与杭州野生动物世界有限公司服务合同纠纷案②。

在该案中，数据主体郭某和其妻子向杭州野生动物世界购买了"畅游365天"双人年卡，并留下姓名、身份证号码、照片、指纹、电话号码等信息。后杭州野生动物世界因提高游客检票入园的通行效率等原因，决定将入园方式从指纹识别入园调整为人脸识别入园，并以店堂告示形式公示涉及人脸识别的"年卡办理流程"和"年卡使用说明"，此后又向包括郭某在内的年卡持卡

---

① 引自"北京互联网法院（2019）京0491民初16142号"民事判决书。
② "刷脸第一案"杭州开庭［EB/OL］.（2020-06-22）［2023-10-08］. http://www.xinhuanet.com/politics/2020-06/22/c_1126142840.htm.

客户群发短信，短信的部分内容为："年卡系统已升级，用户可刷脸快速入园，请未进行人脸激活的年卡用户携带实体卡至年卡中心激活！如有疑问请致电0571-5897×××。"此后野生动物世界又再次向包括郭某在内的年卡持卡客户群发短信，短信的部分内容为："园区年卡系统已升级为人脸识别入园，原指纹识别已取消，即日起，未注册人脸识别的用户将无法正常入园。如尚未注册，请您携指纹年卡尽快至年卡中心办理。咨询电话：0571-5897×××。"而郭某一直未注册人脸识别系统，因此一直无法入园，遂提起诉讼，要求确认必须以人脸识别方式入园的条款无效，并且删除原告郭某于2019年4月27日办理年卡及之后使用年卡时提交的全部个人信息（包括但不限于姓名、身份证号码、手机号码、照片、指纹信息）。

本案一审中，法院提炼认为："本案的核心问题为对经营者处理消费者个人信息，尤其是指纹和人脸等个人生物识别信息行为的评价和规范问题。"《消费者权益保护法》中对个人信息收集和处理提出了原则性保护规定："经营者收集、使用消费者个人信息，应当遵循合法、正当、必要的原则，明示收集、使用信息的目的、方式和范围，并经消费者同意。经营者收集、使用消费者个人信息，应当公开其收集、使用规则，不得违反法律、法规的规定和双方的约定收集、使用信息。"二审法院据此认为："我国法律对个人信息在消费领域的收集、使用并未采取禁止的态度，而是强调对个人信息处理过程的监督管理，即在前端收集个人信息阶段需要遵循'合法、正当、必要'的原则和征得当事人同意的规则；在中端控制信息过程中需要遵循确保安全原则，不得泄露、出售或者非法向他人提供个人信息；在末端出现个人信息被侵害之时，经营者依法需要承担采取补救措施等相应的侵权责任。"随后，二审法院结合本案具体场景对杭州野生动物世界对生物特征识别信息的收集处理行为是否侵权进行了分析，并指出："关于杭州野生动物世界收集的郭某及其妻子的人脸识别信息，杭州野生动物世界抗辩系为后续采用人脸识别方式入园做准备，一审法院认为，合同当事人在办卡时签订的是采用指纹识别方式入园的服务合同，杭州野生动物世界收集郭某及其妻子的人脸识别信息，超出了必要原则的要求，不具有正当性。尽管杭州野生动物世界在涉指纹识别的'年卡办理流程'中规定流程包含'至年卡中心拍照'，但其并未告知郭某与其妻子拍照即已完成对人脸信息的收集及其收集目的，郭某与其妻子同意拍照的行为，不应视为对杭州野生动物世界通过拍照方式收集两人人脸识别信息的同意。综上，郭某要求野生动物世界删除收集的其个人的人脸识别信息，理由正当，应予以支持。"① 由此，本案便首次在司法实践层面为自然人的人脸识别信息提供了司法保护，其核心裁判要旨便在于，要求数据处理者在对生物特征识别信息进行采集时应当履行更高标准的"告知－同意"义务与"透明性"义务。然而，本案判决仍存在诸多遗憾，如劳东燕教授指出：本案判决之法律定位未考虑到原被告在现实社会结构中强弱力量的不平等，亦未能肯定生物识别信息之于信息主体的权利属性；对"告知－同意"做单纯事实性理解，从而实质上架空了信息主体的同意权利，并且也未对删除权的实现方式提供任何保障；对合法、正当、必要原则的解读过于宽泛，将生物识别信息与一般个人信息等同对待，未充分注意其特殊的社会性风险；此外，在举证责任的分配上也有欠公平，等等 ②。

综合而言，我国的司法审判实践通过个案裁判贯彻场景化规制，分析具体场景下的个人及社会对特定信息的价值判断，并与数据处理者所采用的特定技术相结合，共同得出在该场景下个人合理的隐私期待是什么，再据此对数据处理者的"告知－同意"机制提出具体要求。可以看到，场景化规制模式已经开始在生物特征识别信息领域适用，相关司法审判实践的后续发展值得持续关注。

3. 生物特征识别技术规范体系的完善策略

为了统筹平衡对生物识别信息利用与保护，应当由国务院依法制定专门的行政法规完善顶层设计，并由各部委发布指导性文件提供具体指引，各级政府应当鼓励各行业组织和企业建立自律机制。

第一，建议国家健全生物特征识别信息保护相关法律法规，提供平衡信息保护与技术利用的顶层设计。明确《数据安全法》对处理生物特征识别信息所要求的风险评估义务，健全《个人信息保护法》针对生物特征识别信息的保护性要求，规定生物特征识别技术使用者定期进行伦理审查的义务，统筹规定各部委采集、利用、保管、销毁生物特征识别信息的相关职权，建立公众参与渠道，建立包含民事、行政及刑事责任的法律责任体系，引入检察公益诉讼、

---

① 引自"浙江省杭州市中级人民法院（2020）浙 01 民终 10940 号"民事判决书。
② 劳东燕.“人脸识别第一案”判决的法理分析［J］. 环球法律评论，2022（1）：146-161.

民事公益诉讼、监察问责机制等保障机制。

第二，建议各部委研究出台指导性文件，细化对生物特征识别技术的利用指引。生物特征识别信息外延丰富，相关技术应用及商业模式频繁迭代，各部委应当秉持回应式监管，不断基于生物特征识别技术的发展及商业模式的变化调整具体规范内容。由部委规章明确监管执法的具体要求与职责配置，以稳定市场主体的行为预期，并配套柔性政策文件，持续更新相关规则指引，迭代生物特征识别技术应用的伦理审查标准，既为生物特征识别技术的多方主体提供基本稳定的规范指引，又为多元主体在实践中发展规则提供弹性空间。

第三，各级政府应当鼓励各行业组织和企业建立自律机制，鼓励"负责任创新"，主动将生物识别技术的伦理保护融入技术研发各环节，定期开展自我审查、自我评估，健全公众参与机制，并压实大型企业的主体责任。具体而言，第一，政府应当激发市场主体的内在驱动力，鼓励行业组织、企业广泛讨论相关伦理边界，形成针对公共部门、私营部门技术应用的舆论监督压力。第二，政府应当鼓励不同行业基于各自技术形态及应用需求建立行业自律，对生物识别技术创新的潜在风险进行前瞻性预见，并建立涵盖全产品研发周期的伦理审查机制。第三，政府应当支持公众参与生物识别技术的伦理审查，健全公众参与机制，引导企业承担广泛的社会责任，对老年人、未成年人等群体提供特殊保护和关照等。第四，政府应当压实大型企业的主体责任，做好"守门人"，既完善生物特征识别技术的伦理保护，又为所在行业积累"良好实践"、提供合规指引。总之，应当认识到"人机关系的本质是人与人之间以机器为中介的关系"，因而生物特征识别技术伦理争议的解决应当在技术及所涉群体共同构成的行动者网络中反思和校准①。

① 段伟文.面向智能解析社会的伦理校准［J］.上海交通大学学报（哲学社会科学版），2020（4）：27–33.

第六章

国际生物特征识别技术治理格局与实践

生物特征识别技术已在世界范围内得到了全面推广。随着该技术广泛用于国家安全、执法、移民等应用领域，各国近年来纷纷出台针对生物特征识别技术的严格规制政策[①]。当前有关生物特征识别技术的全球性治理仍存在巨大挑战，各国技术治理的保守化、碎片化与当前全球化的贸易流通和人员流动趋势形成了内在张力。鉴于技术和社会发展阶段差异，各国对生物特征识别技术的治理态度并不相同，难以形成技术治理的普遍共识。本章梳理了欧美及其他国家与地区的生物特征识别的技术应用与治理实践，并总结各国立法实践的普遍特征以及立法与治理困境，最后提出了关于中国参与生物特征识别技术全球治理的相关建议。

6.1　主要国家技术治理实践与总结

生物特征识别技术在全球各地的争议日益频繁，公共部门需要遵守相关法律和技术规范，才能更好地发挥生物特征识别技术在安全和执法领域的作用。与此同时，生物特征识别技术商业化后会不可避免地带来社会争议，甚至可能令使用该技术的公司遭遇封杀。因此，政府部门需要提早进行风险研判和技术规制，以避免政策急转与社会舆论对产业发展产生的消极影响。

---

① 2019 年 5 月，美国旧金山当地监督委员会经投票决定禁止政府使用面部识别技术，旧金山成为美国首个禁止该科技的城市。欧盟 2016 年颁布《通用数据保护条例》，2020 年又颁布《数字市场法》《数字服务法》，关注数据合规、数字要素监管等内容，释放出整顿数据市场乱象的信号。

6.1.1 主要国家治理实践情况

尽管生物特征识别技术发展在近些年实现了重大突破，并迅速实现了产业化，但部分技术在国际上的推广却面临着巨大的社会压力，随之而来的则是更为严格的法律监管。

1. 美国

（1）多个企业宣布不再或暂停提供人脸识别技术服务

2020年5月，在美国明尼苏达州发生白人警察暴力执法事件发生后，2020年6月，微软宣布暂停对美国警方的人脸识别技术的支持[1]；亚马逊则宣布禁止美国警方使用人脸识别技术一年，以避免警方执法过程中可能产生的歧视与非正当执法行为[2]；IBM也表态宣布退出一般性的人脸识别技术研发，不再提供相关软件服务"以供大规模监视及种族歧视"[3]。

（2）多个州或城市禁止或规范人脸识别技术的使用

美国很早就开始探索针对生物特征识别信息利用的规范。美国伊利诺伊州于2008年通过了《生物识别信息隐私法案》[4]，旨在规制生物信息技术的使用。2019年5月，加利福尼亚州旧金山市成为全球首个禁止政府公共部门采购和使用人脸识别技术的城市。2019年6月和7月马萨诸塞州萨默维尔市、加利福尼亚州奥克兰市也相继颁布了人脸识别禁令。2020年2月，美国加利福尼亚州众议院通过了关于人脸识别技术的法案，即《加利福尼亚州人脸识别技术法案》[5]。原则上，该法案并不禁止私营主体与公共主体运用人脸识别技术，而是希望能在发挥人脸识别技术的公共服务优势与保障公民隐私及自由等方面寻求平衡。2020年6月，在美国爆发大规模种族歧视游行与抗议后，马

① 微软暂停向美国警方出售面部识别技术，IBM已退出相关业务［EB/OL］.（2020-06-12）［2023-11-05］. https://www.thepaper.cn/newsDetail_forward_7812445.

② 亚马逊暂时禁止美国警方使用人脸识别技术，有效期一年［EB/OL］.（2020-06-11）［2023-11-05］. https://www.thepaper.cn/newsDetail_forward_7798379.

③ 不作恶！IBM宣布放弃人脸识别业务，关停技术研发［EB/OL］.（2020-06-10）［2023-10-08］. https://www.thepaper.cn/newsDetail_forward_7783805.

④ 2022 Illinois Compiled Statutes, Chapter 740 – CIVIL LIABILITIES 740 ILCS 14/ – Biometric Information Privacy Act［EB/OL］.［2023-11-05］. https://law.justia.com/codes/illinois/2022/chapter-740-act-740-ilcs-14/.

⑤ 中国保密协会. 美国对人脸识别技术的法律规制及启示［EB/OL］.（2021-12-14）［2023-10-08］. https://zgbmxh.cn/html/25738.html.

萨诸塞州波士顿市议会以压倒性优势通过《波士顿禁止人脸监控技术条例》①。2020 年 7 月，纽约州通过了一项法令，2022 年前禁止在学校中使用人脸识别和其他生物特征识别技术②。2020 年 9 月，俄勒冈州波特兰市禁止了政府部门和私营机构在公共场所使用人脸识别技术③。截至 2020 年年底，美国有十多个城市通过了有关禁止使用人脸识别技术的法案④。

（3）美国联邦调查局：在严格的标准和规制下使用人脸识别技术

美国联邦调查局（Federal Bureau of Investigation，FBI）是使用人脸识别技术的主要联邦执法机构。该局有两个地方支持这项技术的使用：①下一代身份识别－州际照片系统（Next Generation Identification–Interstate Photo System，NGI-IPS），主要支持州和地方执法部门；②人脸分析、比较和评估服务（Facial Analysis，Comparison and Evaluation Services，FACE）部门，用于支持 FBI 的调查⑤。

NGI-IPS 包含犯罪照片，该系统允许被授权的执法用户（主要是州和地方）在数据库中搜索潜在的调查线索。人脸识别服务通过 NGI-IPS 和其他联邦和州授权供 FBI 使用的人脸识别系统搜索不明人士的照片。FBI 进一步规定了 NGI-IPS 政策和实施指南，概述了该系统使用的相关政策，其被授权的执法用户必须遵守这些政策并执行人脸识别比较的既定标准。例如单凭人脸识别搜索并不能为执法部门提供肯定的身份证明，结果需要由受过人脸比较训练的官员进行人工审查和比较。此外，执法机构仅依靠 NGI-IPS 中的搜索结果而采取执法行动的行为是被严格禁止的。

（4）美国国土安全部：全面使用自动生物特征识别系统

自动生物特征识别系统（又称 IDENT）是美国国土安全部（Department of

① 波士顿禁用人脸识别：该技术导致严重的种族歧视［EB/OL］.（2021-06-29）［2023-10-08］. https://baijiahao.baidu.com/s?id=1670792423876234647&wfr=spider&for=pc.
② 美国纽约州禁止学校在 2022 年前使用人脸识别技［EB/OL］.（2020-07-23）［2023-10-08］. https://baijiahao.baidu.com/s?id=1673002535331262402&wfr=spider&for=pc.
③ 俄勒冈州波特兰市颁布面部识别禁令［EB/OL］.（2020-09-10）［2023-10-08］. https://www.sohu.com/a/417517554_442599.
④ 封禁还是普及？美国 AI 人脸识别即将迎来最大考［EB/OL］.（2023-07-21）［2023-09-08］. https://baijiahao.baidu.com/s?id=1772025469804879504&wfr=spider&for=pc.
⑤ Congressional Research Service. Federal Law Enforcement Use of Facial Recognition Technology［EB/OL］.（2020-10-27）［2023-10-08］. https://crsreports.congress.gov/product/pdf/R/R46586.

Homeland Security，DHS）管辖范围内的一个生物特征信息系统，用于存储和处理 DHS 有关国家安全、执法、移民、情报等的生物特征信息。截至 2017 年年初，IDENT 已拥有超过 2 亿个身份信息，并匹配人脸和虹膜生物识别特征，每天进行超过 30 万笔交易[①]。

IDENT 可以收集生物特征、行动等相关数据。数据由各种程序收集，然后传输到 IDENT。数据可以从 DHS 内部或外部的互联系统实时传输，也可以在单次临时传输的基础上进行传输。数据收集造成的影响及收集行为是否可行，将在与特定数据收集相关的各个项目的隐私影响分析（Privacy Impact Assessment，PIA）系统中进行评定。

美国政府在出入境管理中更广泛地使用了生物特征识别技术以进行身份识别。2016 年 4 月，美国国土安全部发布了生物识别出入境计划，宣布存储从 2004 年起来访的外国国民和 2009 年以来美国合法永久居民的所有生物特征数据。

（5）美国人脸识别供应商：人脸识别服务商业化后遭遇封杀

Clearview AI 是美国一家人脸识别技术供应商，为 FBI、DHS 等公共部门提供人脸识别应用服务。Clearview AI 首先从各互联网平台采集图像建立数据库，现已累积超过 100 亿张照片[②]；随后，根据客户提供的目标对象的照片与数据库中相似图像进行匹配，定位相关图像出现的位置及连带信息；最后，基于关键信息的提取，并借助智能分析，生成该对象的详细"简历"。

然而，Clearview AI 的上述应用在最近遭遇了法律挑战。Clearview AI 因随意抓取网上照片引发争议，其做法违反了数据科技公司的服务条款，在这些公司不知情的情况下获取了用户数据，因此得罪了一干"科技巨头"。Twitter、YouTube、Facebook、微软、谷歌等先后向 Clearview AI 发出了勒令停止的通知函[③]。

① DHS's Automated Biometric Identification System IDENT – the heart of biometric visitor identification in the USA［EB/OL］.（2021–01–19）［2023–10–08］. https://www.thalesgroup.com/en/markets/digital–identity–and–security/government/customer–cases/ident–automated–biometric–identification–system.

② 100 亿张私人照片泄漏，Clearview AI 生物识别技术正在监视你［EB/OL］.（2021–10–11）［2023–10–08］. https://36kr.com/p/1436245375614593.

③ 最为轰动的 AI 公司数据泄露案：客户含 600 多家执法机构，30 亿人脸数据库远超 FBI［EB/OL］.（2020–02–29）［2023–11–05］. https://www.thepaper.cn/newsDetail_forward_6237926.

2. 欧洲

（1）欧洲 EURODAC 计划：移民指纹信息采集饱受争议

EURODAC 是欧盟国家都有义务参与的自动指纹识别计划。该计划从 2000 年开始实施，旨在通过统一收集欧盟成员国在边境海关采集的指纹以识别和追踪非法移民。

EURODAC 计划有助于推动欧盟国家之间的移民数据互通，便于进行高效的移民信息搜索。该计划要求每个成员国对 14 岁以上在本国境内合法寻求庇护或非法越境者进行指纹识别，除了指纹信息，该计划还会统一收集个人性别、避难申请或非法移民指控的时间等信息。EURODAC 计划会形成一个完整的身份信息数据库，记录会在个人获得欧盟公民身份或获得居留许可两年后被撤销，否则将会被保存长达 10 年。虽然指纹识别已成为欧盟最重要的简化移民程序的法律技术之一，但救助儿童会、联合国及众多社会组织共同发表声明，反对欧盟以强制性手段获取儿童指纹，并敦促欧盟取消 EURODAC 中对任何年龄儿童的任何形式的威迫[①]。

（2）欧洲出入境系统：投入使用后政府出台相关技术规范

2017 年 11 月，欧盟通过一项规定：为提升海关检查的效率，防范恐怖事件的发生，欧盟将使用出入境系统（The Enty-Exit System，EES）以详细记录非欧盟公民出入境时间、地点、被拒绝入境理由等信息，以自动纪录旅客的身份信息的方式进行海关检查，并由系统自动辨识逾期居留的非欧盟公民[②]。

欧盟于 2021 年开始实施用于 EES 的生物识别技术标准。该标准针对指纹和人脸数据的质量、分辨率、国际民用航空组织（International Civil Aviation Organization，ICAO）标准的遵循性等方面作出了具体规定，并要求图像应符合美国国家标准与技术研究院（NIST）定义的指纹图像质量标准（NIST Fingerprint Image Quality，NFIQ）2.0 版，以及 ISO/IEC 19794-5:2011 对人脸识别中正面图像类型的要求[③]。

---

① 救助儿童会、联合国共同反对欧盟强制获取儿童指纹［EB/OL］.（2018-05-11）［2023-10-08］. https://www.sohu.com/a/231213153_243614.

② 欧盟实行全新 EES 出入境自动识别系统，自动辨识逾期居留的非欧盟公民［EB/OL］.（2018-01-20）［2023-10-08］. https://www.sohu.com/a/217903166_100100916.

③ 国外在生物识别领域有什么进展［EB/OL］.（2019-09-16）［2023-10-08］. https://www.iotworld. com.cn/html/News/201909/ba7c18141451d528.shtml.

（3）欧洲议会：计划创建"中央集权式"的通用身份资源库

2019 年 4 月，欧洲议会投票同意建立用于存放欧洲和非欧洲公民的生物特征的数据库——通用身份资源库（Common Identity Repository，CIR）以用于生物特征追踪和搜索。根据设计，CIR 将收集 3.5 亿人的生物特征信息，包含公民的姓名、出生日期、护照号码及其他身份信息，以及包含指纹和人脸图像在内的生物特征信息；同时，这一数据库同时向海关、移民系统以及执法系统开放①。CIR 有助于提升欧盟海关和执法人员的工作效率，使其能在格式统一的数据库中进行身份检索。CIR 一旦创建并开始运行，将成为仅次于印度的生物识别数据库 Aadhaar 和中国人口管理系统的世界上第三大的人口追踪数据库。有了这个数据库，执法部门便能够更好地追踪移民和犯罪分子。

（4）人工智能协调计划：构建面向人工智能的欧洲方案

2021 年 4 月，欧盟委员会公布了《人工智能协调计划 2021 年修订版》，提出了构建面向人工智能的欧洲方案。在充分肯定人工智能技术在促进社会公平、抗击新冠疫情、推进环境保护中发挥的积极社会效益后，计划也提到了人工智能技术存在算法不透明带来的社会风险。计划尤其提到对人脸识别系统的规范性要求：除非法律特别授权，原则上禁止在公共空间内使用人脸识别系统。此外，对人脸识别技术的使用必须经过事先的评估程序，且在事中要遵循更严格的记录及人为监督要求②。

3. 新加坡

在新加坡，人脸识别技术已经被应用在了公共交通枢纽、交通基础设施及公民身份管理中③④。2017 年 10 月新加坡投入使用的樟宜机场第四航站楼，从托运、通关到登机均使用了人脸识别技术。2018 年，新加坡政府科技局推出了"智慧路灯"（Lamppost-as-a-Platform）项目，计划将境内 9.5 万根传

① 国外在生物识别领域有什么进展［EB/OL］.（2019-09-16）［2023-10-08］. https://www.iotworld. com.cn/html/News/201909/ba7c18141451d528.shtml.

② Coordinated Plan on Artificial Intelligence 2021 Review［EB/OL］.（2021-04-21）［2024-04-18］. https:// digital-strategy.ec.europa.eu/en/library/coordinated-plan-artificial-intelligence-2021-review.

③ 沈茂祯. 新加坡"刷脸时代"背后的隐忧［EB/OL］.（2020-11-24）［2023-10-08］. https://m.thepaper. cn/newsDetail_forward_10022930.

④ 新加坡成为全球首个将人脸识别纳入国民身份认证的国家［EB/OL］.（2020-09-29）［2023-10-08］. https://baijiahao.baidu.com/s?id=1679176444195712360&wfr=spider&for=pc.

统灯柱配备人脸识别摄像头和传感器，以此为基础推动城市规划和公共交通的智慧化。2020 年 7 月，新加坡政府宣布将人脸信息纳入电子国民身份系统 SingPass，新加坡居民可以"刷脸"使用 400 多种数字服务，包括申报税收和申请公屋。当地 SingPass 用户将通过人脸认证机制来取代传统的密码机制，以访问由 180 个政府和商用组织所提供的超过 500 种数字服务。新加坡由此成为全球首个将人脸识别纳入国民身份认证的国家。

4. 印度

（1）印度 Aadhaar 数据库项目：机遇与挑战并存

2009 年，印度政府开始建立旨在收集公民指纹、照片和虹膜等信息的生物识别数据库 Aadhaar（印度语"基础"的意思）。印度将生物识别信息视为最基本的身份认证和最真实的身份信息，并将生物识别数据库项目 Aadhaar 视作印度数字经济发展的重要基础设施。当前，印度已围绕着这一数据库建构出一系列的软件生态系统和商业模式，充分发挥了生物识别相关数据的市场属性。

然而，尽管生物识别数据库 Aadhaar 有助于推动建立一个基于生物识别信息的社会信用体系，以精准的身份识别降低骗取福利发生的概率，从而抑制贪腐，但仍面临着侵犯公民隐私的争议。2017 年，印度就因隐私争议发生了民众抗议事件。民众反对政府将公立学校为儿童提供的免费午餐与生物识别数据库 Aadhaar 绑定[①]。与此同时，Aadhaar 作为一个巨型信息数据库，在当时仍缺乏相关法律保护，也缺少国家信用来担保。2017 年 11 月，Aadhaar 发生了严重的数据泄露事件，超过 210 家政府网站在线曝光了 Aadhaar 中的公民信息，包括姓名、地址、Aadhaar 号码、指纹、虹膜及其他敏感数据[②]。该事件引发了公众对生物识别数据库 Aadhaar 合宪性的质疑，并最终启动了合宪性审查诉讼[③]。

尽管在实际操作中生物识别数据库 Aadhaar 的效果并不理想，甚至引发了许多新的社会问题，但在大数据时代的穹顶之下，巨型数据库几乎是每一个政府的不二选择。而生物识别数据库 Aadhaar 的出现，也确实让古老而传统的印

---

① 俞飞. 海外个人生物信息攻防战［EB/OL］.（2019–02–16）［2023–10–08］. https://m.fx361.com/news/2019/0216/6371852.html.

② 50 块可贩卖，80 块可打印，印度公民信息数据库 Aadhaar 再爆泄露［EB/OL］.（2018–01–19）［2023–10–08］. https://www.sohu.com/a/215614468_100014117.

③ 何渊. 数据法学［M］. 北京：北京大学出版社，2020.

度面貌焕然一新。它不仅推动了印度社会信用体系的建立以及电信技术和科技行业的飞跃式发展，也塑造了一个更清廉、高效的政府，更促进了印度首个数据保护法案《2019 年个人数据保护法》的出台。

（2）印度国家犯罪记录局：自动面部识别系统缺乏保障措施

2019 年 6 月，印度国家犯罪记录局（National Crime Records Bureau，NCRB）发布了一份关于全国警察使用自动人脸识别系统（Automated Facial Recognition System，AFRS）的征求建议书[①]，计划通过人脸识别系统来进行犯罪分子和公众的身份识别。NCRB 负责为警方管理犯罪数据，通过使用 AFRS 来识别罪犯、失踪人员和不明尸体，以及"预防犯罪"。AFRS 将与指纹数据库、人脸识别软件和虹膜扫描等多个现有数据库集成，不仅会极大地提高警察部门的犯罪调查能力，还能在需要时为民间核查提供帮助。AFRS 还提供公民服务，如护照验证、犯罪报告查询、案件进展在线跟踪、警务申诉报告等。

5. 其他国家

俄罗斯首都莫斯科具有约含 17 万个摄像头的庞大的监控网络。自 2017 年起，莫斯科开始试行在摄像头中接入人脸识别系统，用以快速锁定罪犯和加强城市安全管理。莫斯科市长 2020 年 1 月初表示，莫斯科市已"大规模"部署实时人脸识别系统，供应商称这是世界上最大的实时人脸识别项目。[②③] 人脸识别也是东京奥运会使用的重要技术，该技术用于识别授权人员并自动授予他们访问权限，从而提高识别效率和安全性[④]。

6.1.2 基于数据与业态环境的治理重点总结

根据 4.5 节提出的"以技术驱动为主"和"以场景驱动为主"的两条治理路径，本节从"数据"和"业态环境"两个治理重点入手总结了当前世界主要

① InsightsIAS. Automated Facial Recognition System［EB/OL］.（2019-07-22）［2023-10-08］. https://www.insightsonindia.com/2019/07/22/automated-facial-recognition-system-afrs/.

② 莫斯科将在街头闭路监控引入人脸识别 罪犯无处可逃［EB/OL］.（2017-09-30）［2023-11-05］. http://news.21csp.com.cn/c5/201709/11363024.html.

③ 试行三年后，俄罗斯首都莫斯科大规模部署实时人脸识别系统［EB/OL］.（2020-01-31）［2023-11-05］. https://world.huanqiu.com/article/9CaKrnKp83t.

④ 九大科技创新！东京奥运会和残奥会都用了哪些高科技［EB/OL］.（2021-08-31）［2023-10-08］. https://wenhui.whb.cn/third/baidu/202108/30/421701.html.

国家或地区针对生物识别的相关政策法规。

1. 强数据属性维度下数据作为治理重点

（1）数据"鲁棒性"

数据的"鲁棒性"要求是指生物识别训练数据的完整性与丰富性问题。生物识别领域体现数据"鲁棒性"的治理工具主要包括建设公共数据库和维系数据库的动态管理。

①建设公共数据库以评估生物识别算法或模型的通用性

美国国家标准与技术研究院（NIST）建设了人脸识别测试（FRVT）数据库，使用了4个不同数据集中的800万人的1800万张图像[①]，以对开发人员自愿提供的技术进行独立测试，评估其通用性。

②维系数据库的动态管理以确保其跟随生物特征的变化而变化

欧盟《人脸识别指南》[②]："人脸识别系统需要定期更新数据（人脸照片），以训练和改进所使用的算法。每种算法在开发和使用过程中都有一定的识别可靠性概率。因此，重要的是记录这一概率值以监测其演变。如果它的可靠性降低，就有必要更新用于训练的照片，同时也可避免由于面部变化（老化、佩戴穿孔配饰或其他面部变化）带来的误差。"该指南还提出："必须确保生物特征模板和数字图像是准确并实时更新的。例如，因为低质量的图像会导致错误率上升，所以应当检查观察列表中插入的图像和生物特征模板质量，以防止潜在的错误匹配……在匹配出现误差的情况下，应当采取一切合理的步骤来纠正未来可能的后果，并确保数字图像和生物特征模板的准确性。"

（2）数据"正确性"

数据的"正确性"要求是指生物识别训练数据所能满足特定场景应用需求的程度。只有确保数据和算法或模型的正确性才能增强技术识别效率，尽可能避免因数据分布不均衡和模型偏误导致的伦理问题。

①明确生物识别数据的正确性质量要求

欧盟《人脸识别指南》[③]要求："人脸识别技术的开发者或制造商，以及使

---

① NIST.Face Recognition Vendor Test（FRVT）[EB/OL].（2020-07-08）[2023-10-08]. https://www.nist. gov/programs-projects/face-recognition-vendor-test-frvt.

② Council of Europe. Guidelines on facial recognition［EB/OL］.（2021-06-01）[2023-10-08]. https:// edoc.coe.int/en/artificial-intelligence/9753-guidelines-on-facial-recognition.html.

③ 同②.

用该技术的实体，都应采取措施确保人脸识别数据的准确性。必须避免主体和人脸识别数据的错误匹配，应该充分测试其系统，识别和消除在数据准确性方面的误差，特别是关于肤色、年龄和性别的人口统计学差异，从而避免非故意歧视。"

②建设公共数据库以评估生物识别算法或模型的正确性

美国国家标准与技术研究院（NIST）建设了人脸识别测试（FRVT）数据库，使用了4个不同数据集中的800万人的1800万张图像[1]，以对开发人员自愿提供的技术进行独立测试，评估其准确度。

③明确个人生物识别数据的定义以准确框定治理对象的内涵

美国伊利诺伊州《生物识别信息隐私法案》[2]指出，"生物标识指视网膜、虹膜、指纹、声纹、手或脸的几何扫描"，而"生物识别信息指基于个人生物标识而生成的任何信息，无论其如何被取得、转换、存储或共享"。欧盟做出了类似规定，其《通用数据保护条例》[3]将个人生物识别信息定义为"由与物理、生理或行为相关的特定技术处理而产生的自然人的特征，允许或确认该自然人的独特识别，例如面部图像或指纹数据"。值得注意的是，对"特定技术处理"（specific technical processing）的强调排除了那些存储和保留在数据库中的"原始"数据，如视频监控记录的人脸或录音，以及用户发布在网站、社交媒体上的原始信息。

（3）数据"效率性"

生物识别领域的数据"效率性"问题，主要是指该领域在推动生物识别文件格式的标准性、交互性、兼容性等方面的努力。

美国国家安全局（National Security Agency，NSA）和美国国家标准与

① NIST. Face Recognition Vendor Test（FRVT）[EB/OL].（2020-07-08）[2023-10-08］. https://www.nist.gov/programs-projects/face-recognition-vendor-test-frvt.

② ACLU of Illinois. Biometric Information Privacy Act［EB/OL］.［2023-10-08］. https://www.aclu-il.org/en/campaigns/biometric-information-privacy-act-bipa.

③ Official Journal of the European Union. On the protection of natural persons with regard to the processing of personal data and on the free movement of such data, and repealing Directive 95/46/EC（General Data Protection Regulation）[EB/OL].（2016-04-27）[2023-10-08］. https://eur-lex.europa.eu/legal-content/EN/TXT/PDF/?uri=CELEX:32016R0679.

技术研究院（NIST）共同开发了"生物识别通用交换文件格式"①。这一通用格式有助于实现生物识别数据跨系统间交换，从而增强国内外生物识别数据与程序的兼容性。国际生物特征识别标准化工作主要由 ISO/IEC JTC1/SC37（生物特征识别标准化分技术委员会，成立于 2002 年）负责，其主要任务是在不同的生物特征识别应用和系统之间实现互操作和数据交换，从而对生物特征识别相关技术进行标准化。中国的生物特征标准化工作由生物特征识别分技术委员会（SAC/TC28/SC37）负责，2019 年发布的《生物特征识别白皮书（2019 版）》②称：分委会自成立以来，编制了我国生物特征识别标准体系；发布国家标准 40 页，行业标准 3 页；在研国家标准 5 页，拟立项国家标准 36 项。

（4）数据"隐私性"

生物识别数据与个人隐私信息紧密关联，因此围绕数据"隐私性"问题的讨论始终处于该领域人工智能治理的中心位置。相关政策包括使用 / 应用范围和方式的限定与约束。

①使用 / 应用范围的限定与约束

欧盟《通用数据保护条例》③将个人生物性识别数据归类为个人敏感数据，规定"未经数据主体明确同意基于一个或多个特定目的而处理其个人数据，则不得将数据用于商业用途，而且该同意的意思表示必须真实、自由、明确、不模糊。"

美国《国家生物识别信息隐私法案 2020》④禁止企业披露个人生物识别信息，除非：（a）获得个人同意；（b）披露行为是为完成个人要求的财务交易；

---

① National Institute of Standards and Technology. Common Biometric Exchange Formats Framework［EB/OL］.（2004–04–05）［2023–10–08］. https://nvlpubs.nist.gov/nistpubs/Legacy/IR/nistir6529–a.pdf.

② 中国电子技术标准化研究院，全国信息技术标准化技术委员会生物特征识别分技术委员会 . 生物特征识别白皮书（2019 版）［R］. 北京：中国电子技术标准化研究院，全国信息技术标准化技术委员会生物特征识别分技术委员会，2019.

③ Official Journal of the European Union. On the protection of natural persons with regard to the processing of personal data and on the free movement of such data, and repealing Directive 95/46/EC（General Data Protection Regulation）［EB/OL］.（2016–04–27）［2023–10–08］. https://eur–lex.europa.eu/legal–content/EN/TXT/PDF/?uri=CELEX:32016R0679.

④ National Biometric Information Privacy Act of 2020［EB/OL］.（2020–08–03）［2023–10–08］. https://www.govinfo.gov/content/pkg/BILLS–116s4400is/pdf/BILLS–116s4400is.pdf.

（c）应联邦、州或市法律的要求进行披露；（d）应有效搜查令或传票的要求进行披露。

美国《商用人脸识别隐私法2019》①禁止企业实体收集、处理、存储或控制人脸识别数据，除非：（a）企业实体提供可以解释人脸识别功能和使用局限的相关文件；（b）在充分告知用户对所收集的人脸数据的使用目的后，获得用户的明示同意。该法案禁止人脸识别数据的控制者进行以下行为：（a）歧视终端用户；（b）将数据用于终端用户无法预见的使用目的；（c）未获得终端用户同意而将数据分享至第三方；（d）以终端用户对数据使用目的的同意作为使用产品的条件。

②使用/应用方式的限定与约束

日本《个人信息保护法》②提出了"匿名加工信息制度"，其要求："需要对本法第一条第一款和第二款这两种不同类型的个人信息分别做出匿名化的加工处理，使其不具有特定个人识别性且不具有可复原性。通过匿名加工处理的个人信息因为不具有特定个人识别性，可以在无须信息主体同意的情况下进行目的外的利用以及向第三人提供。"

（5）数据"公平性"

生物识别数据的"公平性"包含两方面的内涵：作为训练的数据库需要具有全面的、包含不同身份属性的数据，以及生物识别应用不能突出对特定身份数据的歧视。前者更多考虑不能缺失数据，强调数据的完备性；后者更多考虑不能使用特定数据，强调数据的独特性。相关机制包括对特定生物识别数据的限制与约束以及对数据的准确性与完整性要求：

①对特定生物识别数据的限制与约束

美国《遗传信息反歧视法2008》③规定："禁止因遗传信息而歧视雇员：（a）禁止基于与雇员有关的遗传信息而拒绝雇佣；（b）禁止基于雇员的遗传信息而对

① S.847–Commercial Facial Recognition Privacy Act of 2019［EB/OL］.（2019–03–14）［2023–10–08］. https://www.congress.gov/bill/116th–congress/senate–bill/847/text.

② Act on the Protection of Personal Information［EB/OL］.（2003–05–30）［2023–11–05］. https://www. japaneselawtranslation.go.jp/en/laws/view/4241/en.

③ Senate and House of Representatives of the United States of America. Genetic Information Nondiscrimination Act of 2008［EB/OL］.（2008–05–21）［2023–10–08］. https://www.eeoc.gov/statutes/genetic–information–nondiscrimination–act–2008.

雇员在补偿、就业条件或就业基本权利等方面进行歧视；（c）禁止基于雇员的遗传信息而采用限制、隔离、区别对待等方法剥夺雇员的就业机会，或倾向于剥夺其就业机会，或实施其他不利于雇员的行为。"

②对生物识别数据库的准确性与完整性要求

由于生物识别数据的准确性与完整性是确保其公平性的必要前提，相关要求对此也做出了规定。例如，印度针对生物识别数据库 Aadhaar 的法案规定，"管理者要要求 Aadhaar 号码持有人按照规定的方式更新其人口统计信息和生物识别信息，以确保其在中央身份数据存储库中的信息持续准确"①。美国国土安全部（DHS）管辖范围内的 IDENT，被用于存储和处理国土安全部有关国家安全、执法、移民、情报等的生物特征信息。同时，作为数据标准处理的一部分，IDENT 的所有数据都被要求进行"最低水平的质量和完整性检查"②。

（6）数据"透明性"

数据"透明性"是指人工智能的应用逻辑和过程能向人们解释的程度，主要包括向数据的被收集者和监管者披露生物识别信息的收集和处理过程。

①向被收集者披露生物识别信息收集和处理的内涵与流程

美国《国家生物识别信息隐私法案 2020》③有关知情权的内容规定："任何收集、使用、分享或出售生物识别符或生物识别信息的企业，应个人的要求，应免费披露在前 12 个月期间收集的与此人有关的任何信息，包括：（a）个人信息的类别；（b）具体的个人信息；（c）企业收集个人信息的来源的类别；（d）企业使用个人信息的目的；（e）与该企业共享个人信息的第三方的类别；（f）企业向第三方出售或披露的信息类别。"

②向监管者分享生物识别信息收集和处理的内涵与流程

向监管者分享信息是生物识别领域重要的监管工具。欧盟《通用数据保

---

① Ministry of Law and Justice. The Aadhaar（Targeted Delivery of Financial and Other Subsidies, Benefits and Services）Bill, 2016 ［EB/OL］.（2016-05-26）［2023-10-08］. https://prsindia.org/files/bills_acts/bills_parliament/2016/Aadhaar_Bill,_2016.pdf.

② DHS.Privacy Impact Assessment for the Automated Biometric Identification System（IDENT）［EB/OL］.（2006-07-31）［2023-10-08］. https://www.dhs.gov/xlibrary/assets/privacy/privacy_pia_usvisit_ident_final.pdf.

③ National Biometric Information Privacy Act of 2020［EB/OL］.（2020-08-03）［2023-10-08］. https://www.govinfo.gov/content/pkg/BILLS-116s4400is/pdf/BILLS-116s4400is.pdf.

护条例》①规定了数据保护影响评估制度，指出："当一种处理行为特别是用到了新技术时，考虑到处理行为的性质、范围、内容和目的可能会对自然人的权利和自由产生高风险，数据控制者应当在处理前完成一份设想的数据处理对个人数据保护影响的评估报告。该评估报告需要指出对存在相似高风险行为的处理和应对方式。"这一一般性原则同样适用于生物识别数据的收集和处理。同时，该条例的数据保护影响评估制度还指出了在哪些情况下需要进行该项评估。

2. 系统弱自主性维度下业态环境作为治理重点

（1）以系统弱自主性"辅助人"作为目的的事前规制

对以系统弱自主性"辅助人"作为目的的技术进行事前规制，是指在产品或服务的准入要求上加以规定。相关政策包括规定和限制对生物识别应用的场景及可以应用的数据类型，规定生物识别应用的条件和前提，设置伦理审查委员会以进行事前评估。

①规定生物识别应用的场景及可以应用的数据类型

红十字国际委员会《有关生物识别数据的政策》②特别规定了可以使用生物识别数据的场景或者情况。例如，未持有有效身份证件的人，给其旅行证件上放置持证人指纹，使他们能够返回原籍国或惯常居住地，或前往愿意接收他们的国家；使用指纹、人脸和 DNA 数据等识别灾难、冲突地区或与其他暴力情况有关的人类遗骸。

②限制生物识别应用的场景及限制使用的数据类型

美国加利福尼亚州《人体摄像头责任法案》③明确规定："自实施起 3 年内禁止州和地方警察执法部门在随身便携摄像头中进行人脸识别。"2020 年 2 月，

---

① Official Journal of the European Union. On the protection of natural persons with regard to the processing of personal data and on the free movement of such data, and repealing Directive 95/46/EC（General Data Protection Regulation）［EB/OL］.（2016-04-27）［2023-10-08］. https://eur-lex.europa.eu/legal-content/EN/TXT/PDF/?uri=CELEX:32016R0679.

② International Committee of the Red Cross. Policy on the Processing of Biometric Data by the ICRC［EB/OL］.（2019-08-29）［2023-10-08］. https://www.icrc.org/en/document/icrc-biometrics-policy.

③ The Body Camera Accountability Act［EB/OL］.［2023-10-08］. https://www.aclusocal.org/sites/default/files/aclu_ca_ab1215_one_pager.pdf.

美国议员向参议院提出《道德使用人脸识别法案》[①]，要求："在出台政府使用准则和限制条件前，暂时禁止政府机构使用人脸识别技术，防止侵犯公民隐私权和影响公民自由。"

③规定生物识别应用的条件和前提

美国《国家生物识别信息隐私法案2020》[②]指出："一般情况下私营实体不得收集、获取、购买、通过交易接受或以其他方式获得个人或客户的生物识别符或生物识别信息，除非：（a）该实体需要生物识别符或信息以为该人或客户提供服务，或依据第3条公布的书面政策所指明的另一有效业务目的；（b）实体以书面形式通知该人或客户或其合法授权的代表其正在收集或储存这种生物识别符或生物识别信息，以及收集、储存和使用生物特征识别符或生物特征信息的具体目的和期限。"也就是说，企业必须以书面形式告知个人信息收集的目的、信息使用和信息收集行为持续的时间等，并且只有在收到个人书面同意后才能进行数据的收集及后续使用等行为。对于具体的书面形式要求，该法案并没有进行明确限制，因而可以推定电子形式的同意具有同等效力。

④设置伦理审查委员会以事前评估

欧盟《人脸识别指南》[③]提出"采取设立独立的道德咨询委员会的办法，可以延长技术部署前和过程中对该委员会的咨询时间，审计并公布实体的研究结果以补充或确定他们的责任"。

（2）以系统弱自主性"辅助人"作为目的的事中规制

事中规制主要涉及在生物识别可被应用的场景下，对数据收集、保存、通信机制的相关规定，以及对风险信息的汇报、沟通机制的规定。具体机制包括对生物识别数据的注册、保存、共享和风险评估作出规定，并设置伦理审查委员会进行事中评估。

---

① S.3284–Ethical Use of Facial Recognition Act［EB/OL］.（2020–02–12）［2023–10–08］. https://www.congress.gov/bill/116th–congress/senate–bill/3284?s=1&r=22.

② National Biometric Information Privacy Act of 2020［EB/OL］.（2020–08–03）［2023–10–08］. https://www.govinfo.gov/content/pkg/BILLS–116s4400is/pdf/BILLS–116s4400is.pdf.

③ Council of Europe. Guidelines on facial recognition［EB/OL］.（2021–01–28）［2023–10–08］. https://edoc.coe.int/en/artificial–intelligence/9753–guidelines–on–facial–recognition.html.

①生物识别特征数据的注册规定

生物特征识别注册是指为生物特征识别领域的机构和相关产品（包括设备、算法、数据格式等）进行标识，以实现生物特征识别产品和技术的互联互通，使不同企业的产品具备互操作性和可追溯性。2014年，全国信息技术标准化技术委员会授权中国电子技术标准化研究院作为中国生物特征识别注册机构。截至2019年11月，该机构已完成机构注册20家，产品（包括设备、算法、数据格式等）注册95种①。

②生物识别数据保存的规定

美国《国家生物识别信息隐私法案2020》②规定："当收集或获取这些信息的最初目的已得到满足，或在个人与收集该信息的实体进行最后一次交互时间超过3年，无论哪一种情况发生，都必须永久销毁所收集的生物识别信息。"

欧盟《人脸识别指南》③对保障数据安全提出要求："因为未经授权泄露敏感数据是无法纠正的，所以任何数据保护方面的失误都可能会对数据当事人造成严重后果。因此无论是在技术层面还是在组织层面都应采取强有力的保护措施，以保护面部识别数据和图像集，防止在收集、传输或存储所有处理阶段中发生数据丢失、未经授权即访问或使用的情况。"该指南还指出："安全措施应该随着时间推移而发展，并对变化的威胁和已经识别的漏洞作出回应。它们还应与数据的敏感性、特定面部识别的应用背景和目的、可能对个人造成的损伤以及其他因素相协调。"

③生物识别数据共享的规定

红十字国际委员会《有关生物识别数据的政策》④中提到共享数据的有关要求，"为了维护红十字国际委员会的中立、公正和独立，以及其纯粹的人道

① 中国电子技术标准化研究院，全国信息技术标准化技术委员会生物特征识别分技术委员会.生物特征识别白皮书（2019版）[R].北京：中国电子技术标准化研究院，全国信息技术标准化技术委员会生物特征识别分技术委员会，2019.

② National Biometric Information Privacy Act of 2020 [EB/OL].（2020-08-03）[2023-10-08]. https://www.govinfo.gov/content/pkg/BILLS-116s4400is/pdf/BILLS-116s4400is.pdf.

③ Council of Europe. Guidelines on facial recognition [EB/OL].（2021-01-28）[2023-10-08]. https://edoc.coe.int/en/artificial-intelligence/9753-guidelines-on-facial-recognition.html.

④ International Committee of the Red Cross. Policy on the Processing of Biometric Data by the ICRC [EB/OL].（2019-08-29）[2023-10-08]. https://www.icrc.org/en/document/icrc-biometrics-policy.

主义性质，红十字国际委员会不会向任何政府或当局分享或以其他方式转移生物特征数据，除非满足以下所有条件：（a）该项转让符合该资料当事人或另一人的切身利益；（b）转让是必要的，以使当局能够履行人道主义义务；（c）数据主体被告知数据转移，且未表示反对（除非数据主体下落不明，而共享的目的确实是确定数据主体的下落或识别人类遗骸）；（d）在共享数据之前进行数据保护影响评估，而数据保护影响评估并未突出数据主体或其他人士所面临的风险，而这些数据主体或其他人将共享的感知利益置于首位；（e）接收方书面承诺仅将转移的数据用于指定的人道主义目的。

美国《国家生物识别信息隐私法案 2020》[1]规定了三种可以进行个人生物识别数据共享的情况：（a）IDENT、ABIS 以及 IAFIS 三大生物特征识别数据库兼容共享；（b）联邦生物特征数据库向各州和地方政府开放；（c）美国联邦调查局的刑事司法信息服务部门与 77 个国家政府签订了数据共享协议。

欧盟《人脸识别指南》[2]也规定，当数据分享涉及第三方时，面部识别的隐私政策或者相关材料应该包括如下内容：是否可以，或者在多大程度上可以将面部识别数据传送给第三方（以及在这种情况下提供产品或服务过程中接收数据的第三方合同合作伙伴的身份信息）。

④生物识别数据风险评估的规定

印度《2019 年个人数据保护法》[3]规定，"涉及新技术应用或大规模分析或使用敏感个人数据的任何处理"，需进行数据保护影响评估，同时，"数据受托人处理数据的行为应每年由独立数据审计师根据本法进行审计"。其还规定了"透明度与问责措施"，包括个人数据泄露时"数据受托人应将与数据受托人处理的个人数据有关的任何数据泄露通知主管机构，如果该泄露可能对任何数据主体造成损害"。

⑤设置伦理审查委员会以进行事中评估

欧盟《人脸识别指南》[4]指出："采取设立独立的道德咨询委员会的办法，

---

① National Biometric Information Privacy Act of 2020［EB/OL］.（2020-08-03）［2023-10-08］. https://www.govinfo.gov/content/pkg/BILLS-116s4400is/pdf/BILLS-116s4400is.pdf.

② Council of Europe. Guidelines on facial recognition［EB/OL］.（2021-01-28）［2023-10-08］. https://edoc.coe.int/en/artificial-intelligence/9753-guidelines-on-facial-recognition.html.

③ Parliament of India. The Personal Data Protection Bill 2019［EB/OL］.（2019-12-11）［2023-10-08］. http://164.100.47.4/BillsTexts/LSBillTexts/Asintroduced/373_2019_LS_Eng.pdf.

④ 同②.

可以延长技术部署前和过程中对该委员会的咨询时间，审计并公布实体的研究结果以补充或确定他们的责任。"

（3）以系统弱自主性"辅助人"作为目的的事后规制

事后规制主要聚焦事故责任的界定与分配，具体指如何界定开发者、应用者及不同机构的责任。相关机制包括民事责任保护权利和事故损失证明责任的界定，以及救济机制的设定与补偿。

①民事责任保护权利的界定

美国《国家生物识别信息隐私法案 2020》①规定："被侵权者享有法定诉权，胜诉方可以申请强制令或其他联邦法院或州法院认为适当的救济。若侵权方式为过失侵权，则胜诉方可以获得 1000 美元法定赔偿或者与实际损失相当的数额，以两者间较大数额为准；若侵权方式为故意侵权，则胜诉方可以选择 5000 美元法定赔偿或者与实际损失相当的数额，以两者间较大数额为准。除此之外，败诉方还要负担律师费、诉讼费、鉴定费用。"该条款主要对生物识别数据侵犯的权利进行界定，以赋予被侵权者起诉或申请救济的权利。

②事故损失证明责任的界定与分配

欧盟《通用数据保护条例》②规定："数据控制者和处理者除非能够证明自己对于因为违反《通用数据保护条例》造成的损失不具有责任，否则，就得对违法后果负责。"

③救济机制的设定与补偿

印度《2019 年个人数据保护法》③规定："因数据受托人或数据处理者违反本法或根据本法规定的规则或条例而受到损害的任何数据主体，有权向数据受托人或数据处理者寻求赔偿（视情况而定）。"由裁决官根据情况决定赔偿金额。

---

① National Biometric Information Privacy Act of 2020［EB/OL］.（2020–08–03）［2023–10–08］. https://www.govinfo.gov/content/pkg/BILLS–116s4400is/pdf/BILLS–116s4400is.pdf.

② Official Journal of the European Union. On the protection of natural persons with regard to the processing of personal data and on the free movement of such data, and repealing Directive 95/46/EC（General Data Protection Regulation）［EB/OL］.（2016–04–27）［2023–10–08］. https://eur–lex.europa.eu/legal–content/EN/TXT/PDF/?uri=CELEX:32016R0679.

③ Parliament of India. The Personal Data Protection Bill 2019［EB/OL］.（2019–12–11）［2023–10–08］. http://164.100.47.4/BillsTexts/LSBillTexts/Asintroduced/373_2019_LS_Eng.pdf.

欧盟《通用数据保护条例》[①]第八章"救济方式、责任与制裁"也详细规定了数据主体向监管机构投诉的权利、针对监管机构的有效司法救济权、针对数据控制者或数据处理者的有效司法救济权以及获得赔偿的权利等。其中第82条明确："（a）任何因为违反本条例的行为而遭受财产性或非财产性损失的人，都有权就所遭受的损失获得数据控制者或者数据处理者的赔偿；（b）违反本条例规定的数据处理所涉及的数据控制者都应当对所造成的损失承担责任。数据处理者只对其未遵守本条例规定的特别针对处理者的义务或者其超越数据控制者的合法指示或作出与该指示相反的行为造成的损失承担责任。"此外，欧盟还设立了开展数据隐私执法、事前通报、流程批准以及进行合规审查工作的专门的数据保护机构，而对于情节较为严重的数据违法行为，数据保护机构可以进行全球营业额 4% 或 2000 万欧元的罚款（取两者间较高者）。

6.2　生物特征识别技术国际立法与治理困境

在生物特征识别技术这一前沿科技领域，美国与欧洲在广泛推动技术的开发与应用的同时，逐步构建起针对该技术的治理体系。但随着全球化的推进，各国治理体系的碎片化和保守性仍对生物特征识别技术的全球治理构成了诸多挑战。针对于此，国际组织和部分国家在有关生物特征识别技术的国际规则制定方面做出了积极努力。例如，联合国教科文组织于 2021 年发布《人工智能伦理问题建议书》[②]，试图凝聚国际共识，建立人工智能治理的全球框架，为各国政府提供人工智能监管的重要参考。

6.2.1　美欧生物特征识别技术的立法总结

美欧在加强对生物特征识别技术的应用的同时，也在逐步推进相关立法体系的完善。其立法内容可以提炼出下述三方面的要点。

①　Official Journal of the European Union. On the protection of natural persons with regard to the processing of personal data and on the free movement of such data, and repealing Directive 95/46/EC（General Data Protection Regulation）[EB/OL]. （2016-04-27）[2023-10-08]. https://eur-lex.europa.eu/legal-content/EN/TXT/PDF/?uri=CELEX:32016R0679.

②　联合国教科文组织会员国通过首份人工智能伦理全球协议[EB/OL]. （2021-11-25）[2023-10-08]. https://news.un.org/zh/story/2021/11/1095042.

第一，将生物特征识别信息区别于一般个人信息，并设立专门条款以特别保护。美国多个州颁布了针对生物特征识别信息的专门立法，如《加利福尼亚州人脸识别技术法案》[①]、伊利诺伊州《生物识别信息隐私法案》[②]等。同时，美国在联邦层面也开始推进针对生物特征识别信息的专门立法，如《国家生物识别信息隐私法案2020》[③]及《道德使用人脸识别法案》[④]。欧盟《通用数据保护条例》[⑤]设置专门条款规范对生物特征识别信息的处理，以提供高于针对一般个人信息的法律保护。以此为基础，2021年4月欧盟发布了《人工智能技术监管法（草案）》[⑥]，在技术运用上提供更有针对性的规范与指导。

第二，生物特征识别信息以"禁止处理"为原则。欧盟《通用数据保护条例》[⑦]明确了"禁止处理"原则，包括自然人、法人、公共机构、行政机关或其他非法人组织在内的"控制者""处理人""第三方"在通常情况下无权"以识别自然人为目的"处理个人生物识别信息。欧盟于2021年4月发布的《人工智能技术监管法（草案）》[⑧]要求：除非被用于寻找失踪儿童、防止恐怖活动威胁或识别刑事犯罪人员等特殊情况，人脸识别技术在公共场合的应用应当被高度禁止；即使是以上三种技术使用特殊目的，人脸识别技术在公共场合的应用也依然需要获得授权才能在规定的时间、地点和数据库中进行数据收集

① AB–2261 Facial recognition technology.［EB/OL］.（2020–05–12）［2023–10–08］. https://leginfo. legislature.ca.gov/faces/billTextClient.xhtml?bill_id=201920200AB2261.

② 2022 Illinois Compiled Statutes, Chapter 740 – CIVIL LIABILITIES 740 ILCS 14/ – Biometric Information Privacy Act［EB/OL］.［2023–11–05］. https://law.justia.com/codes/illinois/2022/chapter–740/act–740–ilcs–14/.

③ National Biometric Information Privacy Act of 2020［EB/OL］.（2020–08–03）［2023–10–08］. https:// www.govinfo.gov/content/pkg/BILLS–116s4400is/pdf/BILLS–116s4400is.pdf.

④ S.3284 – Ethical Use of Facial Recognition Act［EB/OL］.（2020–02–12）［2023–10–08］. https://www. congress.gov/bill/116th–congress/senate–bill/3284?s=1&r=22.

⑤ Official Journal of the European Union. On the protection of natural persons with regard to the processing of personal data and on the free movement of such data, and repealing Directive 95/46/EC（General Data Protection Regulation）［EB/OL］.（2016–04–27）［2023–10–08］. https://eur–lex.europa.eu/legal– content/EN/TXT/PDF/?uri=CELEX:32016R0679.

⑥ Regulation（EU）2021/694 of the European Parliament and of the Council of 29 April 2021 establishing the Digital Europe Programme and repealing Decision（EU）2015/2240（Text with EEA relevance）［EB/ OL］.（2021–04–29）［2023–11–05］. https://eur–lex.europa.eu/legal–content/EN/TXT/?uri=CELEX%3 A32021R0694&qid=16955619448.

⑦ 同⑤.

⑧ 同⑥.

与搜索。美国伊利诺伊州《生物识别信息隐私法案》^①也明确禁止进行个人生物标识或信息的交易、租赁等市场获利行为；同时明确禁止了未经生物识别信息主体同意而收集、储存、使用或传播生物识别信息的行为。

第三，仅在获得"明示同意"或存在法定事由时可处理生物特征识别信息。欧盟《通用数据保护条例》^②规定，仅当信息主体"明示同意"或存在"法定必需"时可以处理生物特征识别信息。所谓"明示同意"指经信息主体明确表示同意；"法定必需"指出于工作职责、社会重大利益、公共利益的必需，才可以在适当的安全保障措施之下进行数据处理。

6.2.2　技术全球治理问题与对中国的启示

虽然美欧已经逐步形成针对生物特征识别技术的相关立法体系，但在高度全球化的今天，生物特征识别技术的全球治理还面临挑战，具体表现为以下三方面的矛盾。

第一，各国治理体系的保守性与全球贸易流通之间的矛盾。美欧各国在法律层面对生物特征识别信息普遍采取严格保护的态度，这可能被利用成为他国生物特征识别技术及设备出口美欧的贸易壁垒。中国在相关技术及设备上具有领先地位，但考虑到日益复杂的国际局势，美欧可能利用本国治理规范的保守性抵制中国相关技术及设备向本国进口，甚至抵制中国技术及设备的全球贸易。

第二，各国治理体系的碎片化与全球人员流动性之间的矛盾。当前各国针对生物特征识别技术的治理体系呈现碎片化特征，不同国家对生物特征识别信息的应用态度和规制程度并不统一。在人员全球流动的背景下，这会导致一国公民的相关信息在不同国家或地区被不同程度地采集、存储与应用。而由于生物特征识别信息具有不可变更性，仅靠单一国家的法律规制不足以支撑对公民生物特征识别信息的有效保护，由此，全球主要国家技术治理体系的协调就

---

① 2022 Illinois Compiled Statutes, Chapter 740 – CIVIL LIABILITIES 740 ILCS 14/ – Biometric Information Privacy Act［EB/OL］.［2023–11–05］. https://law.justia.com/codes/illinois/2022/chapter–740/act–740–ilcs–14/.

② Official Journal of the European Union. On the protection of natural persons with regard to the processing of personal data and on the free movement of such data, and repealing Directive 95/46/EC（General Data Protection Regulation）［EB/OL］.（2016–04–27）［2023–10–08］. https://eur–lex.europa.eu/legal–content/EN/TXT/PDF/?uri=CELEX:32016R0679.

非常必要。

第三，技术先发国家与后发国家间关于规则制定话语权的矛盾。生物特征识别技术在全球各国发展并不均衡，技术先发国家拥有较为先进的治理体系和较为全面的技术手段，而技术较为落后的国家无论在治理体系还是技术手段方面皆处于弱势地位。这会导致不同国家间针对生物特征识别技术的应用呈现矛盾态度，不利于全球围绕生物特征识别技术的开发利用达成普遍共识，不利于针对该项技术的全球治理体系的建设。

借鉴美欧关于生物特征识别信息的立法经验，并考虑生物特征识别技术在全球化背景下所可能引发的矛盾，我国应当推广该项技术的应用，推进相关立法工作，并积极参与全球科技治理体系建设。

第一，推广生物特征识别技术应用，加快技术治理体系构建。我国生物特征识别技术的应用场景广泛，而整体治理体系尚不健全。在美欧加大该项技术应用的背景下，我国应当进一步推广此项技术的应用。建议由相关部门组织不同地区开展技术应用及技术治理试点，在不同场景下总结治理经验，提炼治理逻辑。

第二，推进生物特征识别技术立法，加强具体场景规则制定。《数据安全法》和《个人信息保护法》仅部分条款涉及生物特征识别信息。建议国家健全生物特征识别信息保护相关法律法规，将地方试点总结的治理经验予以法治化。各部门应当及时发布生物特征识别技术应用指南，并随着应用及技术发展持续更新，逐步健全我国关于生物特征识别技术的治理体系。

第三，鼓励相关技术和产品国际贸易，以技术输出配套治理体系输出。我国在生物特征识别技术上拥有明显优势。向东南亚、南亚、非洲及拉美国家输出成熟的生物特征识别技术，能够为配套输出我国关于生物特征识别技术的治理体系提供支撑，有利于我国掌握构建生物特征识别信息全球治理体系的话语权。

6.2.3　人工智能技术治理的全球框架

2021 年，联合国教科文组织第 41 届大会通过了《人工智能伦理问题建议书》[①]，旨在回应人工智能技术的伦理顾虑，建立人工智能全球治理框架，促进

---

① 联合国教科文组织 . 人工智能伦理问题建议书［EB/OL］.（2021-11-24）［2023-10-08］. https://unesdoc.unesco.org/ark:/48223/pf0000380455_chi.

人工智能技术在全球范围内更好地推动可持续发展目标的实现。联合国 193 个成员国参与了该建议书内容的谈判与修订，全球 24 位专家参与到文本拟定的过程中。《人工智能伦理问题建议书》在全球范围内推动形成了技术治理的广泛共识，是未来推动国际法、国际行业标准和相关规范出台的重要基石。

针对人工智能技术引发的损害个人隐私、加深数字鸿沟、扭曲信息获取、加剧社会偏见等伦理问题，《人工智能伦理问题建议书》以联合国可持续发展目标为出发点，提出了相称性和不损害、公平和非歧视、隐私权和数据保护、透明度和可解释性等人工智能应用原则。具体到生物特征识别技术，该建议书在三个方面的原则和政策建议值得特别关注。

第一，隐私保护和数据安全。《人工智能伦理问题建议书》指出，"隐私权对保护人的尊严、自主权和能动性不可或缺，在人工智能系统的整个生命周期内必须予以尊重、保护和促进"。个人数据和信息的使用必须同时遵循社会共识的价值观和法律规范。在生物特征识别算法应用前，需开展充分隐私评估，就社会伦理进行考量，确保技术使用具备必要性和正当性，确保个人信息在人工智能系统的整个生命周期内受到保护。此外，考虑到生物特征等个人数据一旦泄露可能会带来长期性、系统性的损失，应当予以特殊的、额外的数据安全保障，并建立有效的数据事故问责机制。

第二，社会偏见与社会平等。《人工智能伦理问题建议书》指出，"会员国应努力在人工智能系统生命周期的准入和参与问题上促进城乡之间的公平，以及所有人之间的公平，无论种族、肤色、血统、性别、年龄、语言、宗教、政治见解、民族、族裔、社会出身、与生俱来的经济或社会条件、残障情况或其他状况如何"。考虑到生物特征识别技术的性别、种族等歧视争议，尤其是人工智能算法可能会固化甚至强化社会固有偏见，技术的应用应当"尽量减少和避免强化或固化带有歧视性或偏见的应用程序和结果，确保人工智能系统的公平"。在具体实践中，应当鼓励建立算法审查机制，要求技术企业披露并整改人工智能算法结果和数据结构中"陈规定型观念"，确保算法的正确应用与引导而非加深社会偏见。同时，考虑到技术可得性差异，应该确保生物特征识别技术训练数据集的包容性和平等性，保障技术红利在社会弱势群体中的平等获取。

第三，相称性和不损害。相称性是指人工智能技术的应用选择与特定合法目标的实现是恰当的、相称的，技术的应用不得超出其合法目标以外的范围。不损害是指人工智能技术的应用并不一定完全有利于经济、社会、环境的积极发展，应当建立风险评估体系以及时采取措施防止技术损害社会发展。具体到生物特征识别技术，在技术大规模应用前，一方面需要论证其在身份识别、身份认证方面使用的必要性和正当性，并特别注意人工智能技术"不得应用于社会评分或大规模监控目的"，另一方面需要建立监管框架，系统性地针对生物特征识别技术的应用开展风险和伦理论证。在生物特征识别技术大规模应用过程中，应充分开展技术应用适当性的自我评估，并建立监管与监督机制以确认数据的可审计性、可追溯性和解释性，保证评估透明度。

第七章

城市敏捷治理引领现代城市数字化转型

对于新兴技术蓬勃发展、技术应用潜力巨大但监管经验尚且不足的国家而言，新兴技术的治理和监管探索显得尤为重要。城市管理场景中新兴技术的应用有助于提升城市整体运行效率，增强公共服务提供的精准性。但新兴技术的大规模推广和应用也亟须政府通过恰当规制来避免新兴技术和产业发展带来的社会风险。由于新兴技术发展具有高度不确定性，风险监管成本难以估计且极易受到不同于以往技术和产业的特征的影响，传统技术治理理论往往难以实现技术发展与社会风险的平衡。针对这一实践和理论困境，本章梳理了新兴技术治理的理论谱系与历史演进，通过分析新兴技术的监管目标和监管理念，提出了具有弹性、可协调的敏捷治理框架。探究新兴技术的敏捷治理模式，探究如何兼顾技术创新和合理规制、如何平衡城市数字化转型中新兴技术应用的收益与风险，是提升现代化城市管理水平与国家治理能力与治理体系现代化的重要内容之一。

7.1　新兴技术的治理模式

7.1.1　技术发展应用特征

与传统技术和相关产业相比，新兴技术的技术发展路径和商业模式具有高度不确定性，技术发展的潜在风险和监管成本难以预测，技术应用和市场信心极易受到监管信号的干扰。技术发展的不确定性和社会性风险将会直接影响其在技术发展路径和技术应用市场等方面的表现。

首先，新兴技术的发展路径和商业模式具有高度不确定性。新兴产业的不确定性渗透到关键技术、客户需求、竞争环境、商业模式、产品意义和价值观念等各方面。尤其在新兴行业的形成阶段，客户偏好、技术走向、商业模式都是难以捉摸并且迅速变化的。一方面，技术路线选择的不确定性与技术突破的不确定性致使新兴产业的技术发展路径模糊；另一方面，政府部门、学术界很难去想象和预测新兴产业的发展方向和新的服务模式，商业模式创新的速度与深度超乎人们预测的能力，甚至连企业自身也未必能够准确预判其发展轨迹①。

其次，新兴技术发展的潜在风险和监管成本难以预测。新兴技术的不确定性给社会带来的风险是模糊的，这使政府对监管成本与收益的完整评估无法在短时间内完成，也使其对新兴技术有效而不过度的规制往往难以实现。技术的变化日新月异，但发展总会带来新的问题与挑战。据预测，至2030年人工智能将为世界经济贡献15.7万亿美元的增长②，但技术进步、产业发展和海量数据分享的背后也涉及对个体数据安全和隐私保护的担忧，有可能诱发一系列技术伦理问题。

最后，技术应用和产业发展的市场信心极易受到监管信号的干扰。在产业初创阶段，技术创新与产业发展极大地依赖资本投入，而资本投入对监管信号尤为敏感。由于技术的密集性和巨大的潜在市场，资本投入与技术研发和市场信心相互促进并形成正向反馈，因而成为技术大规模应用和产业高速成长的关键。因此，监管信号会同时影响市场信心与资本投入，这也是为何产业监管会对新兴产业的创新影响更甚。一旦政府释放强监管信号，或发生了影响技术发展的负外部事件，新兴技术的创新路径和产业发展方向会受到直接的影响，甚至受到毁灭性的打击③。

---

① 例如，普华永道对新兴科技企业高管的调查显示，高管们普遍把新技术的不断出现（57%）列为未来1~3年将给公司带来重大影响的首要外部因素，排在其后的是政策导向（55%）、监管的不确定性（47%）、颠覆性业务模式的出现（45%）和消费者行为变化（41%）。详见"普华永道：预计2030年人工智能将为世界经济贡献15.7万亿美元（附报告）[EB/OL].（2017-06-30）[2023-10-08].http://www.199it.com/archives/607486.html."。

② 普华永道：预计2030年人工智能将为世界经济贡献15.7万亿美元（附报告）[EB/OL].（2017-06-30）[2023-10-08]. http://www.199it.com/archives/607486.html.

③ 薛澜，赵静.走向敏捷治理：新兴产业发展与监管模式探究[J].中国行政管理，2019（8）：28-34.

7.1.2　技术治理的困境与发展

全球科技领域快速发展带来了大量的技术创新与商业模式创新。在两者交互作用下，新兴技术在各类场景下的应用极大提升了社会运转效率，提高了公共服务供给水平，但也给监管和治理带来了系列挑战。

（1）新兴技术治理的普遍困境

新兴技术往往会面临监管政策的两难：当政府政策过于富有弹性时，技术发展潜在的风险与伦理挑战可能会给社会带来巨大的挑战甚至损失；但若不给技术发展保留空间和弹性，则新兴技术很难实现创新突破，其社会化应用也无法大规模推广。然而，传统监管工具如反垄断监管工具、行业规制和法律体系在新兴技术和产业监管中存在一定缺陷和滞后性，传统监管工具难以应对和解决新兴技术的潜在风险，也有可能成为制约新兴技术和商业模式创新的主要因素。一是行业规制缺乏对新兴技术及产业的专门规定。传统技术和产业不确定性低、技术发展路径和方向较稳定，监管部门可以在一定时间的积累和观察后了解风险分布，形成相关监管判断的依据。面对新兴技术，监管部门在识别技术特征、规制技术大规模应用方面存在不同程度的困难。二是新兴技术和产业监管法律体系短时间内难以健全。政府在传统技术及传统行业治理中有清晰的法律准则来判断和惩处违法行为，监管政策制定也有相对明确的立法程序和制度化的规则体系。新兴技术的变化性使法律具有滞后性，而当涉及公众利益时，政府只有更快地反应和介入才能最大限度地控制技术风险的蔓延。

传统意义上对技术风险的治理是在评估一项技术本身可能存在的社会性危害以及在技术应用中可能存在的社会、经济及伦理性争议。传统风险评估的方法，隐含评估部门可完全了解并穷尽对风险的认知和定义，进行风险评估假设；同时也意味着风险暂时稳定，以及风险评估具有可持续性。但在新兴的、复杂的、快速变化的技术涌现过程中，传统、线性的以风险评估为核心的技术治理政策很难适应新的技术发展脚步。政策制定参与主体不同的知识框架、认知理解乃至相关利益都会导致对技术风险的评估出现较大的争议；以有限的风险认知去评估具有无限性的模糊和不确定性[①]，甚至还有完全未被预料到的技

---

① STIRLING A. Risk at a turning point？［J］. Journal of Risk Research, 1998, 1（2）: 97-109.

术风险，必然是无法完全解决技术发展与社会应用中的摩擦的。

（2）技术治理的实践发展与理论演进

为应对新兴技术治理困境，学界和实务工作者对新兴技术治理的管理方法和理论问题进行了长足的探索。回顾历史，在人类社会发展的每个时期均会有一些典型的新兴技术出现。针对这些新兴技术也会发展出相应的治理体系，这些治理体系随着历史不断演进，呈现出一种谱系性的特征。自20世纪中叶人们意识到技术风险并进行治理以来，新兴技术治理的实践和理论发展有几个重要节点。

新兴技术治理理论第一阶段是20世纪60年代，人们对环境污染、化学品危害、核技术风险等问题进行讨论，主流治理模式是基于科学证据的技术规制和技术评价。第二阶段是20世纪七八十年代，重组DNA技术、转基因作物、英国疯牛病等一系列挑战使人们意识到并非所有的技术治理都有完备的科学信息作为支撑。面对技术不确定性大和信息不足的困境，人们需要对科学信息和知识的局限性有充分自觉，并采取预防原则加以应对。第三阶段是20世纪90年代到21世纪初，人类基因组计划首次在研究项目中设置了"伦理、法律与社会影响"（Ethical, Legal and Social Impact, ELSI）评估项目，将更广范围的伦理和社会影响引入了对技术治理的思考之中。此外，新兴纳米技术催生了以预期治理为代表的前瞻性、建构性的治理模式，希望在技术发展的早期阶段就引导和塑造技术发展。第四阶段，近十年来，负责任研究与创新成为当前热议的治理理论，并发展出了包括预测、反思、协商和反馈四个维度构成的实践框架。该模式强调及时评估反思研究进展，积极回应并吸收社会的反馈意见。这一治理模式体现了治理从风险向创新过程本身的转向，是一种更加具有前瞻性和建构性的治理模式。

7.1.3　技术敏捷治理模式

世界经济论坛在2018年提出了敏捷治理（Agile Governance）的概念以再思考第四次工业革命中的政策制定问题。敏捷治理意味着一套具有柔韧性、流动性、灵活性或适应性的行动或方法，是一种自适应、以人为本，以及具有包容性和可持续的决策过程。敏捷治理的概念旨在改变在第四次工业革命中政策的产生、审议、制定和实施的方式。敏捷治理承认技术变化比以前更快、更复杂，并且理想形式的敏捷治理不会因为治理的速度而牺牲治理的严谨性[①]。敏捷不仅意味着治理的应对速度要增加，而且需要重新思考和重新设计政策流程。同时，敏捷治理将促使社会福利和价值定位成为优先事项，以指导新兴技术的开发和利用。

敏捷模式下，监管主体结合迭代和累积的学习过程，促进从规划和控制到试验和实施策略的转变，并通过为利益相关者提供持续分享关注和不断变化需求的机会，为新的监管提供及时和动态的评估。事实上，以更加动态和敏捷的方式进行治理需要改变现有的产业治理结构，为治理创建新的权力来源，并努力改变现行的决策制度。实现新兴技术在城市问题上的敏捷治理需要坚持两个原则：一是快速接入，高度适应；二是以抽象但明确的法律原则为指导。

在传统技术和行业治理中，监管者一般行动迟缓，只有在发现问题、确定问题之后才去通过正常行政或法律程序制定规则实施监管。这种治理方式会导致政府最终出手的监管措施一般比较强硬，表现出"过程慢、力度大"的特征。同时，政策工具往往以惩处方式为主，"选择性治理"和"运动式治理"是常用的治理手段。然而经历长时间的制度漏洞和监管套利后，企业的沉没成本通常很高。因此，企业通过各种方式规避应付监管的例子屡见不鲜。面对监管损失较大的情况，单纯依赖行业自治和企业自治来打破负反馈的方式也收效甚微。

对新兴技术的敏捷治理则与之相反，监管措施要达到"下手快、力度轻"的效果。"下手快"可以减少企业的沉没成本，企业可以很快根据政策做出调整，减少技术路径和商业模式的转变损失；"力度轻"意味着政策具有指向性和试探性，企业可以很快得知政府态度，知晓产业治理的方向，而不至于在产业发展过程中遭受较大的损失。至关重要的一点是，"快"和"轻"是结合的，政策工具的逻辑是引导而不是惩罚。当然，如果企业对政府的引导置之不理，监管者也必须施加更为严格的监管措施[②]。

---

① 敏捷治理的概念不同于有目的地深思熟虑、广泛包含甚至包容性的政府决策描述。
② 薛澜，赵静.走向敏捷治理：新兴产业发展与监管模式探究［J］.中国行政管理，2019（8）：28-34.

由于技术发展路径和方向比较稳定，传统技术在发展过程中的不确定性较低，政府可以在一定时间的积累和观察后了解风险分布，从而制定相关的监管依据。但新兴技术的不确定性更高，政府往往很难建立精准、统一的技术监管判断标准；待政府厘清技术风险的源头、现状和未来潜在成本收益后，针对新兴技术的监管往往滞后，无法充分应对快速变化和发展的新兴技术的风险和挑战。因此，针对新兴产业的监管在程序上需要具有一定的灵活性，并将抽象的法律指导与具体的监管政策有效结合使用，在法律层面相对明确的治理原则的指导下，使用灵活的政策工具和快速出台的政策作为补充，并依据情况及时调整。

敏捷治理是一种政府、企业、社会共同实现新兴技术治理的模式。在敏捷治理模式形成过程中，需要政府清醒地认识到新兴产业背后涉及的复杂的利益博弈，对任何形式的特殊利益保持高度警惕，并通过扩大政策制定中咨询的利益相关者的范围，有效促进敏捷决策。同时，也需要相关企业加强对公共政策的理解，了解监管部门对公众安全的责任，将相关思考纳入创新路径选择之中，并及时与监管部门进行坦诚、有效的沟通。只有这样，才能打破传统监管的恶性循环，改变政府和企业双方的思维和预期，建立良好的互动，找到合作共赢的方式。

首先，政府从监管者或决策者转变为政策制定的引领者。随着新兴技术的发展，技术治理的部分权力从政府转移到私营部门，传统的治理观念也在转变。治理概念的转变为私营部门、学术界与公共部门的合作创造了新的空间。政府和政策制定者发现自己只能局限于对技术创新的速度做出反应，而私营部门创新的技术产生了巨大的社会影响，改变了经济结构，也为人类交互创建了新规则。

其次，企业要从被监管者转变为重要的政策参与者与建议者。在技术赋能城市管理的过程中，政府的权威性开始发生变化，它不再是制定技术决策的绝对权威主体，数据开发、运营维护的企业和企业联盟等机构成为技术治理和政策制定的重要参与者。政府则从技术和产业监管者转变为政策制定的引领者，推动和协调各方利益互动。在决策方式上，自上而下的垂直决策结构将被"政府－企业－专家""企业－企业网络"决策结构所取代。

7.2 探索城市敏捷治理的思路

敏捷治理旨在构建一种能够快速且灵敏应对公众需求的治理模式来提升组织运营效率并改善用户体验。用于平衡新兴技术发展与监管的敏捷治理，强调的是监管的敏捷与监管手段的使用。针对城市管理的敏捷，更多的是强调要将敏捷文化渗透到多级部门中，形成敏捷型组织，在基层的公共政策决策、公共政策执行、公共问题管理与公共服务方面形成一种工作方式和解决思路。从治理对象、治理节奏、治理方式、治理关系等四个维度，敏捷治理重新定义了治理的内涵，为实现城市管理的现代化转型提供了新路径。

敏捷是一种思维定式，可引发官僚指挥与控制组织的文化变革。但一直以来的公共管理研究忽略了敏捷的概念，以及其对官僚组织和科层制的改变。下文从治理对象、治理节奏、治理方式、治理关系四个维度梳理了敏捷治理的特征（表4）。

表 4　敏捷治理思路重塑城市管理

	敏捷治理的特征	基于敏捷治理的城市管理的重点
治理对象	用户导向，以人为本	① 谁是问题定位者？用户、政府还是技术？ ② 强调街角官僚重要性
治理节奏	快速回应，尽早介入	① 问题识别不能完全一次做到 ② 回应比沉默重要 ③ 打破理性决策思路 ④ 强调时间、时机的重要性，注重节奏的把握
治理方式	灵活应变，渐进迭代	① 决策是非线性的 ② 执行就是再决策 ③ 问题导向学习转为机制创新式学习
治理关系	注重合作，双向互动	① 决策参与平等，协作非单次 ② 政策反馈评估是关键

7.2.1 治理对象：用户导向，以人为本

不同于新公共管理和新公共服务的顾客导向，敏捷治理以一种设计者思

维将接受公共服务的公众和提供公共服务的工作人员都视为"用户",尤其是后者身处与公众接触的一线,他们更加清楚治理实践的真实效果。敏捷治理强调从一开始就需要倾听所有用户声音,尽可能去理解他们的需求来为政策制定提供依据,力争让所有用户都能够降低成本、提高效率、提升满意度。在这一指导思路下,敏捷治理将政策执行过程中的"街角官僚"当作重要的用户,强调要充分调动其进行自由裁量的积极性。敏捷治理强调吸纳性和透明性,注重从一开始就倾听用户声音以降低民众与政府互动和沟通的成本。这彰显了建立"以人为本"的行政价值,体现出如何从用户视角设计一个更好的公共服务。

7.2.2 治理节奏:快速回应,尽早介入

互联网时代新型传播方式的不断涌现使过往那种力求全面研究分析、清晰制定政策、加强执行效率的治理模式越来越难以满足公众期待。敏捷治理强调即使是面对全新的问题,政府也必须压缩决策链条,在问题完全浮现之前就更快、更早地介入和做出反应,尤其是在涉及公众利益时,一旦反应迟缓、被动应对就可能难以有效控制社会风险。敏捷治理意味着政府以高效的方式应对不断变化的公共需求。在敏捷治理指引下,社会问题的识别虽不能一次性完全做到,但是在面对识别困难时,回应总是比沉默更为重要。并且,要打破决策者理想决策(理性决策)的思维逻辑,引导其关注时间与时机的重要性,注重掌控政策过程与把握治理节奏。

7.2.3 治理方式:灵活应变,渐进迭代

敏捷治理的速度不仅仅体现在"回应早",还表现为"调整快",即以一种更灵活的政策制定流程来提高灵敏程度,确保不因提升速度而牺牲治理效能。它承认初始方案的不完备性和变化的不可预见性,从一开始就做好准备在实施过程中持续进行学习并依据情况及时做出动态调整,从而可以"轻装上阵"而不必陷入制度锁定和路径依赖的困境,以"干中学"的方式渐进式推动政策的快速迭代,最终不断逼近治理目标。公共政策的敏捷制定不需要一开始就把问题当作一个重大改革来进行。现代社会,政策创新也不是线性的,更不

会以一个理性的、一成不变的方式进行。敏捷治理强调在执行中调试，以可转变的思路应对复杂多变的治理难题。这是一种避免政策失败、节约政策成本的好方法。

7.2.4　治理关系：注重合作，双向互动

在敏捷治理模式下，治理者只有通过与被治理者密切合作才能更加敏捷。为此，治理主体要让所有的利益相关者都参与到治理过程中，并为其提供实时反馈意见的机会，如此一来政策才能在动态评估中及时被调整。各类主体在双向动态互动中分享信息、积累知识、达成共识、协同行动，治理质量和水平由此在"发现症结－解决优化"的良性循环中不断得到提升乃至发生跃迁。协作很重要，它并非一次性的，也并非从始至终无缝隙的，但协作关系是平等的，只有合作解决问题才能实现信息共享的有效性。

7.3　城市管理中生物特征识别技术的敏捷实践

生物特征识别技术可以有效解决城市管理中面临的资源不足与匹配难题，从而提升城市管理效率。在这个意义上，生物特征识别技术是城市管理极佳的技术辅助工具。站在未来优化超大城市管理的角度，建议鼓励各级地方政府广泛采用生物特征识别技术应用，强化城市管理效能，提升城市管理能力，增强城市发展韧性。当然，在生物特征识别技术广泛的社会应用中，政府应在技术规制方面积极制定基本性的制度框架。除此之外，生物特征识别技术应用于城市管理领域时也意味着对公共数据的使用、对公众行为的监督和对公共活动的识别。其背后潜在的"公共"的技术系统风险、数据存储泄露、社会伦理公平等问题更加值得政府密切关注。同时，生物特征识别技术研发与应用服务涉及大量的政府技术外包，企业与政府在技术风险方面的责任划定则需建立在城市管理产品供给的公共属性基础之上。

城市管理中应用生物特征识别技术可能存在多种亟待解决的技术治理难题。例如，在城市管理外包中，如何界定技术应用于城市管理的双边责任？尤其在涉及广泛的公众行为的时候，城市管理技术外包在传统正式合约框架下，

如何灵活确定双方责任？政府与企业在倡导技术发展时的基本风险底线和规则边界在当前发展中非常关键，是否有清晰的边界可供决策者与企业参考？技术应用过程中会产生数据归属和数据开发权益的分配问题，政府如何明确购买服务过程中的数据开采使用方式和使用边界？数据作为要素，其拥有者、拥有权、商业开放收益权如何分成？

针对于此，一方面，秉承对生物特征识别技术在城市管理应用的包容审慎思路，培育政府应用意识，探索更合适的制度框架，以约束政府城市管理外包和企业数据模型训练结合过程中的商业化开发中的可能性风险；另一方面，构建完善的技术治理法律法规和制度体系，鼓励各地方政府和应用部门引导成立合同履行第三方全生命周期技术应用审查委员会，制定好生物识别技术风险应急预案，完善生物特征识别相关的产业标准体系。

7.3.1 "包容审慎"地看待生物特征识别技术在城市管理中的应用

政府对生物特征识别技术的治理原应以把握风险监管与技术应用的平衡为核心，秉承包容审慎态度，积极并持续性地回应技术在城市管理应用中可能存在的公共风险，通过技术创新塑造更具可持续性的技术运用路径。在生物特征识别技术相关政策、规制体系的建立与完善过程中，充分重视数据产业发展价值，同时关注数据泄露等潜在威胁给相关主体带来的危害和损失；利用法律与政策明晰数字技术应用的边界，对数据企业进行有效规制，将技术赋能与社会赋权结合起来；明确政府、企业、社会组织及公众各主体在其中的定位与职责，积极促进各主体间在非数据敏感领域的有效合作，共同为打造一批标杆性的综合承包商和综合运营商、促进我国城市数字技术应用领域的制度化和规范化创新提供充足动力。

第一，秉承"包容审慎"的态度对待新技术的发展。生物特征识别技术于改善城市管理质量、提升城市管理效率意义重大，而技术风险的不确定性和潜在伦理问题可通过互动共治的方式探索解决。在生物特征识别技术的应用中，政府应秉持"包容审慎"的态度，在鼓励与引导企业技术发展时营造更加负责任的技术发展模式，支持前瞻性基础技术研究以鼓励开展生物特征识别领域关键技术创新。面对具有高度不确定性的治理问题和规模巨大的治理规模，对新技术的实施和发展采取监管端口前置、预防先行的治理立场，这一预防性治理视角是可行之道①。如在城市管理新场景中应用时充分研判其背后的公共风险，探索技术风险的分级预防体系，对运算能力、智能处置能力和危害性不同的应用场景进行分级监管，在技术实践基础上对不同技术应用给予指导等。

第二，以充分的容错空间加强政策试点、部门协调与公私对话。鉴于生物特征识别技术的诸多风险是逐步显现的且具有高度不确定性，任何政府和企业在合作达成时并不能为所有的潜在风险达成约定，提供充分的容错空间是治理的有效机制，可增强政府在合约构建过程中的研判能力，使政府对公众关注的隐私保护和数据安全问题给予及时、充分的反馈，也为企业提供更高质量的人脸数据来源和更具弹性的社会与政策环境。首先，以政策试点、示范区的形式推动技术与社会经济的应用融合，并通过小范围的政策试验和社会实验探索技术治理的新方法、新模式。其次，多部门统筹协调合作可改变目前政策分散、层级较低、相关条文内容不够具体、职能范围有限等问题。最后，引入公私对话，将人脸识别技术提供方与应用方等多元主体纳入沟通与合作体系，鼓励社会广泛讨论伦理边界；整合资源，调动市场力量共同识别和研判风险，形成具有充分回应性的机构体系与政策体系。

7.3.2　构建完善的法律制度，夯实相关治理体系

第一，给予基于场景化规制的立法与司法实践的法律指引。在严格保护生物特征识别信息的前提下，嵌入场景化规制原则，以平衡自然人在特定场景下的合理隐私期待与生物特征识别技术应用的公共价值。一方面应当强调针对生物特征识别信息设置高于一般个人信息的严格保护的原则。另一方面不得忽视法律规制的场景性，具体地，应当在特定场景下判断涉案生物特征识别信息的社会评价与个人评价，并结合特定场景下的技术环境，判断在此场景下个人所应当具有的合理隐私期待，最后据此提出对公共部门、私营部门在此场景下应用该项技术进行生物特征识别技术的规范门槛与具体要求。

---

① 预防性原则作为技术治理的指导方针，与传统风险评估有本质不同，其更强调技术不确定性的中性表述，强调以更开放的治理手段去尽可能学习新技术、提升治理政策的适应性，也更关注新兴技术本质上和共性上存在的脆弱性。

第二，构建平衡信息保护与技术利用的"顶层设计"。构建政策体系以明确生物特征识别信息的边界划定、层级分类、规制工具、法律责任、监督机制等内容。边界划定以"概括定义＋外延列举"模式，适应生物特征识别技术在未来的发展性。层级分类考虑区分高度敏感型、中度敏感型及一般敏感型的生物特征识别信息，并列举不同敏感型生物特征识别信息的具体场景。规制工具在传统"告知－同意""目的明确""规则透明""最小信息采集"等规制要求之外，辅之以民事救济、行政处罚、行政约谈、信用惩戒等"硬法"及"软法"工具，提高综合治理效能。法律责任以行政法律责任为主，强化行政机关的监管职责，同时亦规定民事法律责任及刑事法律责任，统筹三种法律责任的规范领域、规范层级，协调行政执法机关、市场监督机关、公安机关、检察机关及审判机关在不同法律责任范畴下的具体角色及职责内容。监督机制考虑引入检察公益诉讼制度、民事公益诉讼制度、监察问责机制等，以有效监督上述责任体系切实运作。

第三，完善第三方全生命周期技术应用审查委员会制度。在生物特征识别技术应用于城市管理场景的合同履行过程中，技术更新迭代和新的伦理风险的出现都让城市管理外包合同无法做出全面的约定，因而对合同履行过程中的全生命周期监管亟须加强。建议推动建立合同履行全生命周期的技术应用审查委员会，倡导各地区自行建立审查委员会，以应对场景化、具象化的技术特征；建议技术应用审查委员会以第三方多元平台的方式吸纳当地居民、政府部门、企业代表、技术专家等定期商定和讨论合同履行过程中面临的技术风险与伦理问题。

第四，积极部署应对生物特征识别技术社会风险的应急预案。提倡试点地区政府和相关部门制定生物特征识别技术的应急管理预案。尤其是在涉及重要城市服务场景出现数据泄露风险、数据识别出错、重大伦理问题等极端情况时，政府可具有临时接管权，全面接管企业相关业务。建议政府与企业合作时，增加对企业技术风险应急预案措施的合同要求，并注重审查应急预案的合理性和可行性。

第五，进一步完善与构建生物特征识别相关的产业标准体系。不断完善生物特征识别标准体系，加快国内标准体系与国际相关标准接轨，增强我国生物特征识别产业和相关企业的国际竞争力。在标准体系完善的过程中，除积极推进自主标准的立项和研制工作之外，可结合实际情况、根据国内需求有选择、有原则地将相关国际标准转化为国家标准；制定标准时应考虑与原有标准体系的兼容性、未来标准体系的可扩展性等；重视测试标准的开发，抓紧推进生物特征识别标准体系中测试类标准和技术的开发，对生物特征识别产品的性能指标、可靠性和兼容性进行测试，推动我国生物特征识别产业健康、有序发展。

主要参考文献

一、图书

［1］RICHARDSON J. Law and the Philosophy of Privacy［M］. London：Routledge，2015.

［2］FRIED C. Privacy［A moral analysis］［M］//SCHOEMAN F D. Philosophical dimensions of privacy：an anthology. Cambridge：Cambridge University Press，1984：203–222.

［3］何渊 . 数据法学［M］. 北京：北京大学出版社，2020.

二、报告

［1］United Nations，Department of Economic and Social Affairs，Population Division. World Population Prospects 2019：Highlights［R］. New York：UN–DESA，2019.

［2］北京市统计局，国家统计局北京调查总队 . 北京市 2011 年国民经济和社会发展统计公报［R］. 北京：北京市统计局，国家统计局北京调查总队，2012.

［3］北京市统计局，国家统计局北京调查总队 . 北京市 2021 年国民经济和社会发展统计公报［R］. 北京：北京市统计局，国家统计局北京调查总队，2022.

［4］北京市统计局，国家统计局北京调查总队 . 北京市 2020 年国民经济和社会发展统计公报［R］. 北京：北京市统计局，国家统计局北京调查总队，2021.

［5］宽带发展联盟 . 中国宽带速率状况报告（第 25 期）［R］. 北京：宽带发展联盟，2019.

［6］中国电子技术标准化研究院，全国信息技术标准化技术委员会生物特征识别分技术委员会 . 生物特征识别白皮书（2019 版）［R］. 北京：中国电子技术标准化研究院，全国信息技术标准化技术委员会生物特征识别分技术委员会，2019.

［7］中国互联网络信息中心 . 中国互联网络发展状况统计报告（第 44 次）［R］. 北京：中国互联网络信息中心，2019.

［8］中国信息通信研究院 . 生物识别隐私保护研究报告（2020）［R］. 北京：中国信息通信研究院，2020.

三、期刊论文

［1］ANDEIS L，WARREN S. The right to privacy［J］. Harvard Law Review，1890，4（5）：193–220.

［2］CHANG K. Digital governance：new technologies for improving public service and participation［J］. International Review of Public Administration，2012，17（2）：175–178.

［3］ LIM J H, TANG S Y. Urban e-government initiatives and environmental decision performance in Korea ［J］. Journal of Public Administration Research and Theory, 2008, 18（1）: 109-138.

［4］ Klare B F, Burge M J, Klontz J C, et al. Face Recognition Performance: Role of Demographic Information ［J］. IEEE Transactions on Information Forensics and Security, 2012, 7（6）: 1789-1801.

［5］ STIRLING A. Risk at a turning point? ［J］. Journal of Risk Research, 1998, 1（2）: 97-109.

［6］丁晓东. 什么是数据权利? 从欧洲《一般数据保护条例》看数据隐私的保护［J］. 华东政法大学学报, 2018, 21（4）: 39-53.

［7］段伟文. 面向智能解析社会的伦理校准［J］. 上海交通大学学报（哲学社会科学版）, 2020（4）: 27-33.

［8］范梓腾, 孟庆国, 魏娜, 等. 效率考量、合法性压力与政府中的技术应用: 基于中国城市政府网站建设的混合研究［J］. 公共行政评论, 2018, 11（5）: 28-51.

［9］付微明. 个人生物识别信息民事权利诉讼救济问题研究［J］. 法学杂志, 2020, 41（3）: 73-81.

［10］关婷, 薛澜, 赵静. 技术赋能的治理创新: 基于中国环境领域的实践案例［J］. 中国行政管理, 2019（4）: 58-65.

［11］贺东航, 孔繁斌. 中国公共政策执行中的政治势能: 基于近20年农村林改政策的分析［J］. 中国社会科学, 2019（4）: 4-25.

［12］劳东燕. 个人信息法律保护体系的基本目标与归责机制［J］. 政法论坛, 2021（6）: 3-17.

［13］劳东燕. "人脸识别第一案" 判决的法理分析［J］. 环球法律评论, 2022（1）: 146-161.

［14］李怀胜. 滥用个人生物识别信息的刑事制裁思路: 以人工智能 "深度伪造" 为例［J］. 政法论坛, 2020, 38（4）: 144-154.

［15］李文钊. 理解中国城市治理: 一个界面治理理论的视角［J］. 中国行政管理, 2019（9）: 73-81.

［16］李文钊. 双层嵌套治理界面建构: 城市治理数字化转型的方向与路径［J］. 电子政务, 2020（7）: 32-42.

［17］李忠夏. 数字时代隐私权的宪法建构［J］. 华东政法大学学报, 2021, 24（3）: 42-54.

［18］林曦, 郭苏建. 算法不正义与大数据伦理［J］. 社会科学, 2020（8）: 3-22.

［19］刘凤, 傅利平, 孙兆辉. 重心下移如何提升治理效能? 基于城市基层治理结构调适的多案例研究［J］. 公共管理学报, 2019, 16（4）: 24-35.

［20］孙柏瑛, 张继颖. 解决问题驱动的基层政府治理改革逻辑: 北京市 "吹哨报到" 机制

观察［J］.中国行政管理，2019（4）：72-78.

［21］锁利铭，冯小东.数据驱动的城市精细化治理：特征、要素与系统耦合［J］.公共管理学报，2018，15（4）：17-26.

［22］王利明.论数据权益：以"权利束"为视角［J］.政治与法律，2022（7）：99-113.

［23］王锡锌.个人信息国家保护义务及展开［J］.中国法学，2021（1）：145-166.

［24］翁列恩.深化"最多跑一次"改革 构建整体性政府服务模式［J］.中国行政管理，2019（6）：154-155.

［25］薛澜，赵静.走向敏捷治理：新兴产业发展与监管模式探究［J］.中国行政管理，2019（8）：28-34.

［26］杨宏山，李娉.双重整合：城市基层治理的新形态［J］.中国行政管理，2020（5）：40-44.

［27］于文轩，许成委.中国智慧城市建设的技术理性与政治理性：基于147个城市的实证分析［J］.公共管理学报，2016，13（4）：127-138.

［28］余成峰.信息隐私权的宪法时刻规范基础与体系重构［J］.中外法学，2021，33（1）：32-56.

［29］俞可平.中国城市治理创新的若干重要问题：基于特大型城市的思考［J］.武汉大学学报（哲学社会科学版），2021，74（3）：88-99.

［30］郁建兴，黄飚.超越政府中心主义治理逻辑如何可能：基于"最多跑一次"改革的经验［J］.政治学研究，2019（2）：49-60.

［31］赵静，薛澜，吴冠生.敏捷思维引领城市治理转型：对多城市治理实践的分析［J］.中国行政管理，2021（8）：49-54.

［32］周铭耀."雪亮"工程之人脸识别应用［J］.智能建筑与智慧城市，2019（12）：49-50.

四、电子文献

［1］AB-2261 Facial recognition technology［EB/OL］.（2020-05-12）［2023-10-08］.https://leginfo.legislature.ca.gov/faces/billTextClient.xhtml?bill_id=201920200AB2261.

［2］ACLU of Illinois. Biometric Information Privacy Act［EB/OL］.［2023-10-08］.https://www.aclu-il.org/en/campaigns/biometric-information-privacy-act-bipa.

［3］Act on the Protection of Personal Information［EB/OL］.（2003-05-30）［2023-11-05］.https://www.japaneselawtranslation.go.jp/en/laws/view/4241/en.

［4］Coalition for Critical Technology. Abolish the #TechToPrisonPipeline［EB/OL］.［2023-11-05］.https://forcriticaltech.github.io/.

［5］Congressional Research Service. Federal Law Enforcement Use of Facial Recognition Technology［EB/OL］.（2020-10-27）［2023-10-08］.https://crsreports.congress.gov/product/pdf/R/R46586.

［6］ Coordinated Plan on Artificial Intelligence 2021 Review［EB/OL］.（2021-04-21）［2024-04-18］. https://digital-strategy.ec.europa.eu/en/library/coordinated-plan-artificial-intelligence-2021-review.

［7］ Council of Europe. Guidelines on facial recognition［EB/OL］.（2021-06-01）［2023-10-08］. https://edoc.coe.int/en/artificial-intelligence/9753-guidelines-on-facial-recognition.html.

［8］ DHS. Privacy Impact Assessment for the Automated Biometric Identification System（IDENT）［EB/OL］.（2006-07-31）［2023-10-08］.https://www.dhs.gov/xlibrary/assets/privacy/privacy_pia_usvisit_ident_final.pdf.

［9］ DHS's Automated Biometric Identification System IDENT - the heart of biometric visitor identification in the USA［EB/OL］.（2021-01-19）［2023-10-08］. https://www.thalesgroup.com/en/markets/digital-identity-and-security/government/customer-cases/ident-automated-biometric-identification-system.

［10］ GROSS R, SHI J, COHN J. Quo vadis face recognition?［EB/OL］.［2023-10-08］. https://www.face-rec.org/interesting-papers/General/gross_ralph_2001_4.pdf.

［11］ 2022 Illinois Compiled Statutes,Chapter 740 - CIVIL LIABILITIES 740 ILCS 14/ - Biometric Information Privacy Act［EB/OL］.［2023-11-05］. https://law.justia.com/codes/illinois/2022/chapter-740/act-740-ilcs-14/.

［12］ InsightsIAS. Automated Facial Recognition System［EB/OL］.（2019-07-22）［2023-10-08］. https://www.insightsonindia.com/2019/07/22/automated-facial-recognition-system-afrs/.

［13］ International Committee of the Red Cross. Policy on the Processing of Biometric Data by the ICRC［EB/OL］.（2019-08-29）［2023-10-08］. https://www.icrc.org/en/document/icrc-biometrics-policy.

［14］ INTRONA L, NISSENBAUM H. Facial recognition technology：a survey of policy and implementation issues［EB/OL］.［2023-10-08］. https://eprints.lancs.ac.uk/id/eprint/49012/1/Document.pdf.

［15］ KAHN J. HireVue drops facial monitoring amid A.I. algorithm audit［EB/OL］.（2021-01-20）［2022-01-29］.https://fortune.com/2021/01/19/hirevue-drops-facial-monitoring-amid-a-i-algorithm-audit/.

［16］ Ministry of Law and Justice. The Aadhaar（Targeted Delivery of Financial and Other Subsidies, Benefits and Services）Bill, 2016［EB/OL］.（2016-05-26）［2023-10-08］. https://prsindia.org/files/bills_acts/bills_parliament/2016/Aadhaar_Bill,_2016.pdf.

［17］ National Biometric Information Privacy Act of 2020［EB/OL］.（2020-08-03）［2023-10-08］. https://www.govinfo.gov/content/pkg/BILLS-116s4400is/pdf/BILLS-116s4400is.pdf.

［18］ National Institute of Standards and Technology. Common Biometric Exchange Formats Framework［EB/OL］.（2004-04-05）［2023-10-08］. https://nvlpubs.nist.gov/nistpubs/Legacy/IR/nistir6529-a.pdf.

［19］NIST.Face Recognition Vendor Test（FRVT）［EB/OL］.（2020–07–08）［2023–10–08］. https://www.nist.gov/programs–projects/face–recognition–vendor–test–frvt.

［20］Official Journal of the European Union. On the protection of natural persons with regard to the processing of personal data and on the free movement of such data, and repealing Directive 95/46/EC（General Data Protection Regulation）［EB/OL］.（2016–04–27）［2023–10–08］. https://eur–lex.europa.eu/legal–content/EN/TXT/PDF/?uri=CELEX：32016R0679.

［21］Parliament of India. The Personal Data Protection Bill 2019［EB/OL］.（2019–12–11）［2023–10–08］.http://164.100.47.4/BillsTexts/LSBillTexts/Asintroduced/373_2019_LS_Eng. pdf.

［22］PASCU L. Biometric software that allegedly predicts criminals based on their face sparks industry controversy［EB/OL］.（2020–05–06）［2022–01–29］. https://www. biometricupdate.com/202005/biometric–software–that–allegedly–predicts–criminals–based–on–their–face–sparks–industry–controversy.

［23］Regulation（EU）2021/694 of the European Parliament and of the Council of 29 April 2021 establishing the Digital Europe Programme and repealing Decision（EU）2015/2240（Text with EEA relevance）［EB/OL］.（2021–04–29）［2023–11–05］. https://eur–lex.europa.eu/legal–content/EN/TXT/?uri=CELEX%3A32021R0694&qid=16955619448.

［24］S.847–Commercial Facial Recognition Privacy Act of 2019［EB/OL］.（2019–03–14）［2023–10–08］.https://www.congress.gov/bill/116th–congress/senate–bill/847/text.

［25］S.3284–Ethical Use of Facial Recognition Act［EB/OL］.（2020–02–12）［2023–10–08］. https://www.congress.gov/bill/116th–congress/senate–bill/3284?s=1&r=22.

［26］Senate and House of Representatives of the United States of America. Genetic Information Nondiscrimination Act of 2008［EB/OL］.（2008–05–21）［2023–10–08］. https://www. eeoc.gov/statutes/genetic–information–nondiscrimination–act–2008.

［27］The Body Camera Accountability Act［EB/OL］.［2023–10–08］. https://www.aclusocal.org/sites/default/files/aclu_ca_ab1215_one_pager.pdf.

［28］Cookie 隐私第一案终审：法院判百度不构成侵权［EB/OL］.（2015–06–15）［2023–10–08］. https://www.tisi.org/4065.

［29］Deepfake 首次"参与战争"：乌克兰总统被伪造投降视频，推特上辟谣［EB/OL］.（2022–03–24）［2023–10–08］. https://m.thepaper.cn/newsDetail_forward_17262083.

［30］NIST：黑人遭人脸识别技术"误判"概率高出白人 5 至 10 倍［EB/OL］.（2019–07–29）［2023–10–08］. https://www.secrss.com/articles/12579.

［31］100 亿张私人照片泄漏，Clearview AI 生物识别技术正在监视你［EB/OL］.（2021–10–11）［2023–10–08］. https://36kr.com/p/1436245375614593.

［32］2018 双十一成交额 2135 亿破纪录，六成交易通过指纹、刷脸支付完成［EB/OL］.（2018–11–12）［2023–06–08］. https://www.lanjinger.com/d/96171.

［33］2020 年上半年全国机动车保有量达 3.6 亿辆［EB/OL］.（2020–07–14）［2022–01–15］. https://app.mps.gov.cn/gdnps/pc/content.jsp?id=7457676.

［34］3D 面具骗过人脸识别？软硬件联手确保刷脸支付安全［EB/OL］.［2023–10–08］. https://www.hnnxw.net/mobile/Article/3141.html.

［35］30 亿人脸数据 AI 公司遭遇重大数据泄露，完整客户名单被盗［EB/OL］（2020–02–27）［2023–10–08］.https://m.thepaper.cn/kuaibao_detail.jsp?contid=6187305&from=kuaibao.

［36］5 块可贩卖，80 块可打印，印度公民信息数据库 Aadhaar 再爆泄露［EB/OL］.（2018–01–19）［2023–10–08］. https://www.sohu.com/a/215614468_100014117.

［37］9 款约会社交 APP 云泄露数十万用户 845GB 敏感数据［EB/OL］.（2020–06–23）［2022–01–29］.https://www.secrss.com/articles/21170.

［38］百度地图.2022 年度中国城市交通报告［EB/OL］.［2023–06–15］. https://jiaotong.baidu.com/cms/reports/traffic/2022/index.html.

［39］北京互联网法院：微信读书、抖音侵犯个人信息［EB/OL］.（2020–07–31）［2023–10–08］. http://legal.people.com.cn/n1/2020/0731/c42510–31805538.html.

［40］北京市政务服务管理局.2022 年北京 12345 市民服务热线年度数据分析报告［EB/OL］.（2023–03–30）［2023–10–08］.https://www.beijing.gov.cn/hudong/jpzt/2022ndsjbg/.

［41］波士顿禁用人脸识别：该技术导致严重的种族歧视［EB/OL］.（2021–06–29）［2023–10–08］. https://baijiahao.baidu.com/s?id=1670792423876234647&wfr=spider&for=pc.

［42］不作恶！IBM 宣布放弃人脸识别业务，关停技术研发［EB/OL］.（2020–06–10）［2023–10–08］. https://www.thepaper.cn/newsDetail_forward_7783805.

［43］春节期间 新紫阳公园人脸识别系统大显神通 智慧城管助 34 名挤丢幼童找到妈［EB/OL］.（2021–02–21）［2023–10–08］.https://baijiahao.baidu.com/s?id=1692266129993667540&wfr=spider&for=pc.

［44］从"市民服务中心"探"未来之城雄安"［EB/OL］.（2019–11–01）［2023–10–08］. http://www.xiongan.gov.cn/2019–11/01/c_1210337158.htm.

［45］第七次全国人口普查主要数据公布 人口总量保持平稳增长［EB/OL］.（2021–05–12）［2022–01–15］.http://www.gov.cn/xinwen/2021–05/12/content_5605913.htm.

［46］多种"声呐警察"上岗！民意观察团为机动车违法鸣号治理提建议［EB/OL］.（2020–07–24）［2023–10–08］.https://baijiahao.baidu.com/s?id=1673087295993158416&wfr=spider&for=p.

［47］俄勒冈州波特兰市颁布面部识别禁令［EB/OL］.（2020–09–10）［2023–10–08］. https://www.sohu.com/a/417517554_442599.

［48］封禁还是普及？美国 AI 人脸识别即将迎来最大考［EB/OL］.（2023–07–21）［2023–09–08］. https://baijiahao.baidu.com/s?id=1772025469804879504&wfr=spider&for=pc.

［49］公厕取纸靠人脸识别无必要［EB/OL］.（2020–12–10）［2023–10–08］. http://it.people.com.cn/n1/2020/1210/c1009–31961468.html.

［50］国外在生物识别领域有什么进展［EB/OL］．（2019-09-16）［2023-10-08］．https://www.iotworld.com.cn/html/News/201909/ba7c18141451d528.shtml.

［51］景宁社保待遇领取资格"刷脸认证"获2017年度中国"互联网＋"民生类十大优秀案例［EB/OL］．（2018-04-16）［2024-04-20］．https://www.jingning.gov.cn/art/2018/4/16/art_1382303_17368956.html.

［52］景宁县人社局待遇领取资格人脸识别认证［EB/OL］．（2018-03-19）［2024-04-20］．http://society.people.com.cn/n1/2018/0319/c416176-29876228.html.

［53］九大科技创新！东京奥运会和残奥会都用了哪些高科技［EB/OL］．（2021-08-31）［2023-10-08］.https://wenhui.whb.cn/third/baidu/202108/30/421701.html.

［54］救助儿童会、联合国共同反对欧盟强制获取儿童指纹［EB/OL］．（2018-05-11）［2023-10-08］．https://www.sohu.com/a/231213153_243614.

［55］卡塔尔通讯社网站遭黑客攻击 出现重大错误消息［EB/OL］．（2017-05-25）［2023-10-08］．http://www.xinhuanet.com/zgjx/2017-05/25/c_136313375.htm.

［56］口罩竟然也阻挡不了人脸数据泄露［EB/OL］．（2020-03-30）［2023-10-08］．http://www.xinhuanet.com/politics/2020-03/30/c_1125785656.htm.

［57］厉害了！苏州火车站"人脸识别"成功抓获逃犯，落网后他说……［EB/OL］．（2017-11-01）［2023-10-08］．https://www.sohu.com/a/201805158_186825.

［58］联合国教科文组织会员国通过首份人工智能伦理全球协议［EB/OL］．（2021-11-25）［2023-10-08］.https://news.un.org/zh/story/2021/11/1095042.

［59］联合国教科文组织．人工智能伦理问题建议书［EB/OL］．（2021-11-24）［2023-10-08］.https://unesdoc.unesco.org/ark：/48223/pf0000380455_chi.

［60］美国纽约州禁止学校在2022年前使用人脸识别技［EB/OL］．（2020-07-23）［2023-10-08］．https://baijiahao.baidu.com/s?id=1673002535331262402&wfr=spider&for=pc.

［61］莫斯科将在街头闭路监控引入人脸识别 罪犯无处可逃［EB/OL］．（2017-09-30）［2023-11-05］．http://news.21csp.com.cn/c5/201709/11363024.html.

［62］男子杀害女友 用其尸体"人脸识别"网贷［EB/OL］．（2019-08-19）［2023-10-08］．https://news.sina.cn/sh/2019-08-19/detail-ihytcitn0318478.d.html.

［63］欧盟实行全新EES出入境自动识别系统，自动辨识逾期居留的非欧盟公民［EB/OL］．（2018-01-20）［2023-10-08］．https://www.sohu.com/a/217903166_100100916.

［64］普华永道：预计2030年人工智能将为世界经济贡献15.7万亿美元（附报告）［EB/OL］．（2017-06-30）［2023-10-08］.http://www.199it.com/archives/607486.html.

［65］普京的假视频，也传疯了［EB/OL］．（2022-03-21）［2023-11-05］．https://news.sina.com.cn/o/2022-03-21/doc-imcwiwss7269312.shtml.

［66］清华大学发布：人脸识别最全知识图谱［EB/OL］．（2018-12-24）［2023-06-08］．https://cloud.tencent.com/developer/article/1376381.

［67］全球人脸识别算法测试最新结果公布：中国算法包揽前五［EB/OL］．（2018-11-19）

［2023－10－08］.https://www.thepaper.cn/newsDetail_forward_2650684.

［68］人脸识别60年｜印度：为13亿人建立生物识别数据库［EB/OL］.（2020－12－08）
　　　［2023－06－08］.https://m.thepaper.cn/newsDetail_forward_10312492.

［69］人脸识别再曝安全漏洞，15分钟解锁19款安卓手机，只需打印机、A4纸和眼镜
　　　框即可［EB/OL］.（2021－01－28）［2023－10－08］.https://www.thepaper.cn/newsDetail_
　　　forward_10965844.

［70］上班打卡也有风险？百万人指纹数据曝光［EB/OL］.（2019－08－15）［2023－11－05］.
　　　https://www.sohu.com/a/333997263_804262.

［71］商汤科技驰援上海等多地疫情防控，共同筑起抗"疫"防线［EB/OL］.（2022－04－24）
　　　［2023－10－08］.https://baijiahao.baidu.com/s?id=1730957030377625810&wfr=spider&for
　　　=pc.

［72］沈茂祯.新加坡"刷脸时代"背后的隐忧［EB/OL］.（2020－11－24）［2023－10－08］.
　　　https://m.thepaper.cn/newsDetail_forward_10022930.

［73］生物识别安全平台数据泄露数百万用户面部、指纹识别数据［EB/OL］.（2019－08－22）
　　　［2023－11－05］.https://www.sohu.com/a/335635072_604699.

［74］声音会被模仿，声纹还可靠吗［EB/OL］.（2019－12－02）［2023－10－08］.http://www.
　　　xinhuanet.com/politics/2019/12/02/c_1125295745.htm.

［75］试行三年后，俄罗斯首都莫斯科大规模部署实时人脸识别系统［EB/OL］.（2020－01－
　　　31）［2023－11－05］.https://world.huanqiu.com/article/9CaKrnKp83t.

［76］"刷脸第一案"杭州开庭［EB/OL］.（2020－06－22）［2023－10－08］.http://www.
　　　xinhuanet.com/politics/2020/06/22/c_1126142840.htm.

［77］双胞胎替考科目二 不料被车载人脸识别系统识破［EB/OL］.（2020－11－02）［2023－
　　　10－08］.https://finance.sina.com.cn/tech/2020－11－02/doc-iiznezxr9452098.shtml.

［78］苏州"智慧警务"建设：触摸未来警务现实模样［EB/OL］.（2021－12－30）［2023－10－
　　　08］.https://www.sohu.com/a/513107814_120099902.

［79］头豹研究院.2020年中国人脸识别市场报告［EB/OL］.［2022－01－05］.https://pdf.
　　　dfcfw.com/pdf/H3_AP202101221453140684_1.pdf? 1611321532000.pdf.

［80］微软暂停向美国警方出售面部识别技术，IBM已退出相关业务［EB/OL］.（2020－06－
　　　12）［2023－11－05］.https://www.thepaper.cn/newsDetail_forward_7812445.

［81］新加坡成为全球首个将人脸识别纳入国民身份认证的国家［EB/OL］.（2020－09－29）
　　　［2023－10－08］.https://baijiahao.baidu.com/s?id=1679176444195712360&wfr=spider&for=
　　　pc.

［82］雄安新区一周年，眼神科技智慧城市试点落地［EB/OL］.（2018－04－09）［2023－10－
　　　08］.http://www.dong-zhi.com/Detail.aspx?id=461.

［83］亚马逊暂时禁止美国警方使用人脸识别技术，有效期一年［EB/OL］.（2020－06－11）
　　　［2023－11－05］.https://www.thepaper.cn/newsDetail_forward_7798379.

［84］俞飞. 海外个人生物信息攻防战［EB/OL］.（2019-02-16）［2023-10-08］. https://m.fx361. com/news/2019/0216/6371852.html.

［85］战争中的人脸识别：法国情报公司挖掘车臣士兵身份，乌克兰用来辨认战俘［EB/OL］.（2022-03-19）［2022-01-29］. https://www.thepaper.cn/newsDetail_forward_17188086.

［86］中国保密协会. 美国对人脸识别技术的法律规制及启示［EB/OL］.（2021-12-14）［2023-10-08］. https://zgbmxh.cn/html/25738.html.

［87］中国信通院"护脸计划"一周年，首次发布相关生态合作方案［EB/OL］.（2022-07-21）［2023-10-08］. https://c.m.163.com/news/a/HCQAOPKP051492T3.html.

［88］最为轰动的 AI 公司数据泄露案：客户含 600 多家执法机构，30 亿人脸数据库远超 FBI［EB/OL］.（2020-02-29）［2023-11-05］. https://www.thepaper.cn/newsDetail_forward_6237926.

后　记

　　2022年3月20日，中共中央办公厅、国务院办公厅印发的《关于加强科技伦理治理的意见》将敏捷治理作为五大治理要求中的一则，提出"加强科技伦理风险预警与跟踪研判，及时动态调整治理方式和伦理规范，快速、灵活应对科技创新带来的伦理挑战"。在"两办"发文提出敏捷治理要求时，本书刚刚完稿。从立项研究，到书稿完成，我们仅仅用了不到1年半时间。但在这较短的时间里，生物特征识别技术应用日新月异，全球治理规则与地方治理实践也在不断更新迭代，甚至俄乌冲突都出现了情报公司使用人脸识别技术确定士兵身份，以及利用深度伪造技术制作领导人虚假视频等现象。这预示着面对复杂多变的新兴科技治理问题，亟须寻找与探索一条合适的指引路径。我们在研究与分析过程中深感敏捷治理的重要性，并由此思考了城市敏捷治理的思路。

　　自2018年"基因编辑婴儿"事件爆发后，新兴技术引发的伦理治理问题开始受到社会各界的广泛关注。前沿科技领域的创新突破在带来可预期的经济利益的同时，也引发了各类不可预期的重大安全风险和社会伦理争议。科技伦理与科技治理的议题热潮再一次摆在了学界与科技界面前。并且，这次各界对伦理的集中关注，不同以往简单关心是否遵从伦理规范，而是深入聚焦到对伦理的本质和风险的认知以及对发展与治理的权衡等核心问题的思考之中。我们可以看到，无论是合成生物学、基因科学、药品研发、脑机结合、人－动物嵌合体等生命科学领域的科技，还是广泛运用在生活消费、社会治理、政府管理等领域的各类人工智能和算法等新兴技术，都需要对技术运用背后引发的风险与伦理问题予以关注。这些都预示着科技伦理成为当前影响全球科技发展的关键一环。在世界科技革命与产业变革的交汇期，面对科技内在的发展动力与不确定性时，科技治理比以往任何时候都重要！

为了系统思考与理解科技发展过程中的治理问题，2019 年 1 月，中国科学技术协会（以下简称"中国科协"）与清华大学共同创建了清华大学科技发展与治理研究中心。2021 年 9 月，中国科协和清华大学还签署了全面战略合作协议，在科技发展与治理等方面加强合作，开启会校合作服务国家发展新篇章。该中心致力于开展科技发展治理体系和治理能力研究，探索构建包括政府组织、私人部门和社会组织的广泛学术共同体，完善科技治理体制机制，推动国家科技事业健康发展。作为科学家摇篮和重大科技成果的创新地，清华大学能够在其中充分发挥基础研究的支撑作用。作为科学家共同体的科协，可充分汇集科学家的智慧，发挥科技治理的桥梁作用。双方为了更好应对未来科技的挑战和应对未来科技发展治理的重大问题，共同建立了一个面向国内外的、公共的、开放的平台。中国科协与清华大学历任相关领导自该中心建立之初就关心支持该中心发展，凸显了双方对科技发展与治理问题的高度关注。

　　该中心自 2019 年 1 月成立以来，在首任主任江小涓教授领导下，在周琪院士和薛澜教授担任联席主任的学术委员会的指导下，积极开展关于科技发展治理体系建设、科技治理战略研判与政策分析、科技伦理风险评估体系建设等领域的研究工作，重点在生命伦理、新兴科技重大前沿治理等方面开展对策研究。该中心的相关研究与建议切实推动了一系列国家科技伦理体制与科技伦理专业建设。该中心还通过举办重要的国际会议发声，例如举办"2019 全球科技发展与治理国际论坛"，邀请联合国、世界卫生组织、世界银行等国际嘉宾与商务部等国内嘉宾参与讨论。该中心成员还积极参与 2020 中关村论坛"全球科技创新智库论坛"、世界人工智能大会等，推进科技伦理治理的相关讨论。

　　本书成果就是在中国科协所支持的"城市敏捷治理中生物特征识别技术的应用、伦理及对策研究"项目的基础上完善而来的。我们感谢中国科协提供的资助。感谢周琪院士、江小涓教授、薛澜教授、李正风教授、梁正教授、田丰院长等对此书提出的宝贵建议！感谢课题组团队其他成员，包括贺毓、刘欣、徐玮、苏亦坡等的支持！